本书获得山西省高等学校人文社科重点研究基地项目“三晋文脉对中国科技文明体系影响研究”（20190104）资助

# 曹焕文科技史研究

王　坚◎著

中国科学技术出版社
·北　京·

**图书在版编目（CIP）数据**

曹焕文科技史研究 / 王坚著 . -- 北京：中国科学技术出版社，2020.1

ISBN 978-7-5046-8360-1

Ⅰ. ①曹… Ⅱ. ①王… Ⅲ. ①火药—技术史—研究—山西 ②盐业史—研究—山西 Ⅳ. ① TQ56-09 ② F426.82

中国版本图书馆 CIP 数据核字（2019）第 186624 号

| | |
|---|---|
| **策划编辑** | 孙红霞 |
| **责任编辑** | 孙红霞 |
| **装帧设计** | 中文天地 |
| **责任校对** | 焦　宁 |
| **责任印制** | 李晓霖 |

| | |
|---|---|
| **出　　版** | 中国科学技术出版社 |
| **发　　行** | 中国科学技术出版社有限公司发行部 |
| **地　　址** | 北京市海淀区中关村南大街16号 |
| **邮　　编** | 100081 |
| **发行电话** | 010-62173865 |
| **传　　真** | 010-62173081 |
| **网　　址** | http://www.cspbooks.com.cn |

| | |
|---|---|
| **开　　本** | 787mm × 1092mm　1/16 |
| **字　　数** | 185千字 |
| **印　　张** | 12 |
| **版　　次** | 2020年1月第1版 |
| **印　　次** | 2020年1月第1次印刷 |
| **印　　刷** | 北京虎彩文化传播有限公司 |
| **书　　号** | ISBN 978-7-5046-8360-1 / TQ · 28 |
| **定　　价** | 88.00元 |

# 序　一

正值先父曹焕文120周年诞辰临近之际，同时也是我与王坚博士相识8年之时，中国科学技术出版社出版这部科技史著作，真是一件兼具科学、人文及教育意义的好事！

曹焕文是1949年后太原市的第一任副市长、山西省科协副主席、太原市科协首任主席、太原市政协副主席、太原市首任民革主委、全国人大代表和政协委员。我在市科协工作半生，一直以来，耳边总不断地听到许多人对曹老先生的赞誉和怀念，称他是山西近代工业的奠基人，为开拓山西工业和太原的城市建设、科技发展以及科学普及等事业鞠躬尽瘁，默默奉献，“不要人夸颜色好，只留清气满乾坤”。他为山西近代工业发展和太原的建设所付出的心血，做出的一桩桩好事，长久地铭记在人们心中。

我与王博士2011年相识，非常赞赏这位认真、执着、醉心于研究的“80后”优秀年轻学者。每次与他会面，总见他文质彬彬而风尘仆仆。他谈起曹老的事情来滔滔不绝、如数家珍。他的研究激情和活力深深感染并感动了我，使我有信心将家藏史料，包括曹老的火药史和工业史手稿提供给他。同时，王博士也不负期望，孜孜不倦，除手稿外，还用自己微薄的收入购买并阅读了大量文献，最终做出了非常深入的研究。读完他的博士论文后，我曾掩卷长思，心想“曹老先生如不从政，若可以用毕生精力搞科研，一定是一位了不起的大科学家！”所以是王博士的研究，让我更深刻地认识了父亲，认识到他不仅是山西实业的建设者，也是一位为国家乃至世界学术做出贡献的学者！

王博士的论文出版成书之际，邀我作序，实不敢当，仅以上边寥寥数语，表达感激之情，更祝王坚博士可以沿着曹先生未完成的学术道路继续不懈努力，做出更大更好的成绩！

曹慧彬<br>2019 年 7 月 9 日

# 序　二

近日，王坚博士完成了大作《曹焕文科技史研究》一书，请余序之。十分欣慰之余，也生出几许感慨。

王坚博士自2008年9月入学山西大学，迄今已在科技史这一“冷僻”领域学习、钻研了12个年头，从硕士、博士再到以优异成绩留所任教，从门外汉到专门家，经历了从“望尽天涯路”“消得人憔悴”最后到“灯火阑珊处”的学术苦旅。今天摆在诸君案前的这部大作，是王坚博士的一个阶段性标志成果。

王坚在攻读硕士（三年）和博士（五年）期间，一直跟着我学习。我对他越是了解，就越是欣赏。他谦和大气、潜心学问，在他身上我经常能看到自己年轻时的影子，但他更执着、更快乐，也更幸运！

王坚本科就读于太原理工大学，而且是热门的计算机专业，同时英语（包括口语）很赞。这两项“技能”本可以使他活得很“精彩”，至少不会为“稻粱”刻意而谋。然而，2007年年底，他与我的一次交谈改变了他的人生轨迹。他问我科学史这个学科有趣、有用吗？我激昂地说，科学史看似“无用”，实则“大用”之学，而且是门通达古今、融贯中西、文理交融、精究天人的“大学问”！我清晰记得当时王坚眼里闪烁着的那份憧憬、热烈和坚定的光芒。

通读《曹焕文科技史研究》一书，我为曹焕文的科技史研究成就而折服，为王坚博士取得的成绩而欣慰，也为山西大学科学技术史研究所设置地方科技史研究方向而赞叹！以下仅谈点本人粗浅的阅读体会，如能引发关注和讨论，则幸之甚矣！

## 一、曹焕文：一位被“遗忘”的科技史大家

王坚的硕士学位论文是关于西北实业公司科技活动的系统研究。西北实业公司是民国时期阎锡山在山西创办的近代工业体系，以“造产救国”“建设西北”为口号，大到钢铁、煤炭，小至火柴、香烟，军需、民用无所不包，是山西工业化、近代化的重要尝试。在研究中王坚注意到，曹焕文这位“山西化学工业之父”不仅是一位杰出的工程师、卓越的管理者，而且还是一位不可多得、成就斐然的科技史家！

基于强烈的民族自尊心，自1921年考入日本东京工业高等专科学校（东京工业大学的前身），曹焕文即开始留心中国火药史资料的蒐集。1926年年底，曹焕文屡拒日方挽留，回国投身山西近代化建设。他先出任山西火药厂工程师，后任厂长。闲暇之余，曹焕文抄录中国火药史古籍，几成瘾癖，累年不辍。至抗战爆发，他基本完成《中国火药全史资料》8卷手稿。1938年夏，以火药史资料的整理和研究为题，曹焕文申请了中英庚款战时科学家资助项目，从1600名申请者中脱颖而出，拔得化学组头筹！动植物与生理组的前两名则是后来大名鼎鼎的童第周和陈桢。1948年，童、陈二人同时当选国民政府中央研究院院士。40年代初，曹焕文完成《中国火药全史》一书10多册手稿，作为浓缩版的论文《中国火药之起源》于1942年公开发表，引起一位英国教授的关注并意将该全史手稿带回伦敦翻译出版。之后该论文经大会宣读并获中国科学社头奖，1946年再版发表。关于中国火药史研究，曹焕文非但比后来“公认”的“先驱”冯家昇、王铃和李约瑟等人开展得早，而且其研究资料更翔实及最先发表，并首次得出后世火药史研究起点的“火药是由中国古代炼丹家所发明的”公认结论，从而当之无愧地成为“中国火药史研究第一人”！

为解决山西工业建设急需的化工原料难题，从1932年起，曹焕文开始对运城盐池进行科学调研，对硝板的化学成分、晒盐作用以及我国古代垦畦浇晒技术及其咸淡水钩配原理予以科学解释，实现了运城池盐认识和利用从漫长原始的古代范式向现代范式的根本转换。其中，科学原理的应用与科技史实的学术史考察古今互证、合二为一，使曹焕文成

为运城池盐科学研究和工业应用的先驱。

作为由政务院总理周恩来直接任命的分管工业和城建的太原首任副市长，曹焕文于1955年撰成《太原工业史料》一书，并于次年“内部发行”。《太原工业史料》是关于包括民国时期西北实业公司在内的太原工业化、近代化的珍贵史料，具有重要的科技史价值。

中国火药史、运城池盐史和太原工业史这三大部分，奠定了曹焕文作为科技史家的崇高地位！

## 二、曹焕文科技史研究的学理和方法论价值

曹焕文作为科技史家不仅是杰出的而且是伟大的，他在科技史研究中所反映出来的学理和方法论是深邃和科学的，是一笔永不过时的精神文化遗产。

### 1. 火药史研究：爱国与理性同频共振

火药对人类文明的进程实在是太重要了！弗朗西斯·培根，特别是马克思对三大发明之首的火药礼赞有加，认为它直接埋葬了中世纪的封建制度，“把骑士阶层炸得粉碎”！火药发明的殊荣是如此引人瞩目——被李约瑟誉为“火药的史诗”，以至于数百年来被杂糅了太多的传奇和纷争，也纠缠了太多的民族主义及其偏见，从希腊、阿拉伯、欧洲到印度等各种发明说，可谓“乱花渐欲迷人眼”，但就是没有中国的名字！近代西方甚至将火药发明的桂冠直接“扣到”13世纪英国人罗吉尔·培根和14世纪德国僧人施瓦兹头上。

近代以来，中国由于在世界舞台上的沉沦，民族自信遭受空前打击，话语权丧失殆尽，使得本是中国古代伟大的发明却不敢、不能、不愿去发掘、去研究、去争辩，拱手让人而又平遭轻侮。而这反向激发出来的爱国热情，却成为当时有识之士从事历史、科技与科技史研究的主要动力源。

曹焕文在其首发于1942年抗战最艰苦年份的《中国火药之起源》一文中大声疾呼：

> “凡我中国人士应力加考证、作深刻之研究，庶使不致永远沉沦、埋冤百世也！

……欲医治我国近代人士志馁气夺、甘居劣质之心理，不得不考证我先祖先民创造力之伟大、科学头脑之聪颖，恢复其自信力，振刷其精神，以期走上迎头赶上之途。此所以中国火药之起源不得不加以研究而努力考证也！”

正如杨振宁说他这一生最重要的贡献是其科学工作的成就帮助中国人改变了自己觉得不如人的心理、帮助中国人的自信心增加了一样，曹焕文也指出了火药发明归流中国的深刻文化意义：

“然若由火药之起源详加考究，将东西分途发展之史实加以研讨，再对照以后日新式化合火药之出现，详加比较，深觉千数百年前有此伟大之创造，而又占千数百年之时间，创造之智力殊为伟大！由此而观我中国后代人士可以觉醒，知我华族并非劣质，不可志馁，振刷精神，以从事科学之研究，安知不能再发明出更伟大之事物也！”

我之所以大段引用曹焕文的原话，意在说明火药史的研究在当时对振奋民族自信的伟大意义，而这也是曹焕文从事火药史研究的精神力量！这种历久弥新的爱国精神，沉淀成我们这个新时代大力弘扬的科学家精神的灵魂。正是曹焕文、冯家昇、王铃以及李约瑟等中外学者一个世纪的不懈努力，终将火药发明之殊荣归我汶阳之田！这其中，曹焕文不仅是最早的研究者和发表者，而且在资料、学理、方法和结论等方面也要胜过后来冯家昇、王铃和李约瑟等人一筹。

曹焕文没有因爱国激情而流于空泛和感性，相反是以求实和理性来支撑其民族自信的。具体研究中则以扎实的文献资料说话，言之有据，言之有物，言之成理。自他1921年留学日本开始，直到1938年因抗战避居西安，前后历时近20年，曹焕文利用一切条件抄录、整理古籍，未尝少歇。1981年，英国著名科技史家李约瑟撰文选列出中国浩瀚古籍中《太白阴经》《虎钤经》《武经总要》《兵录》《武备志》《火龙经》和《火攻挈要》等对火药技术史研究“最重要”的著作，认为它们对火药史学的建构“如同沿途树立的柱子，或者是标在曲线图上的时间参数的定点”。然而，就在李约瑟文章发表40多年前，曹焕文的《中国火药全史资料》不仅全部辑录了李约瑟所列的上述古籍，而且摘抄了《纪效新书》《武备志略》以及《火戏略》等另外 47 种文献，迄今仍是国内外关于中国火药史最全面、最完整的资料总集。正是挺得起腰的文献与考据，支撑起曹焕文站得住脚的研究成果！

除了火药，曹焕文还通过大量的文献和细致的考据发现火器也是由中国最早发明的：

> "枪炮本亦由中国所发明而传往欧洲。但在今日火药尚有为三大发明之一之传说，枪炮弹类中国人做梦也不敢自想象为我先祖先民所发明，久已拱手让之欧洲。若今日创此新说，殊骇人听闻，然实确有证据焉！"

令人惋惜的是，由于致力于近现代山西的工业建设，曹焕文始终没有腾出空来"另草火器之起源以说明之"。

曹焕文对火药史的研究雄辩地证明，爱国主义与科技史的正本清源主旨并行不悖，至少爱国主义在他那个年代是科技史研究的动力和使命。后来和今天的情形固然有所不同，但我们不能走向另一个极端，而应该在爱国主义和科技史的理性研究之间形成一种必要的张力。正如爱国精神是新时代科学家精神的灵魂一样，爱国精神也应该成为新时代科技史家精神的灵魂。我想，这正是我们发掘和弘扬曹焕文科技史家精神的一大收获！

2. 盐池史研究：科技与历史相映生辉

科技检验历史，历史启迪科技，二者相得益彰，充实自带光辉，绽放出科技史这朵"众用所基""是为大用"的绚丽之花。

与火药一样，盐在人类文明史上也曾扮演着不可替代的重要角色。西文中 salary，即薪水、工资，是 salt（盐）一词的引申，在古代是以盐来"代发"的。中国也不例外，因争夺盐这一国税资源，不知引发战争凡几！西汉《盐铁论》一书更将盐置于铁之前，可见其战略和民生地位之重！

河东盐池，历来是国之财税重地。上古神话传说，涿鹿之战中蚩尤被黄帝所擒，身体被解，血流成池，形成今天解（hài，分解之意）州盐池。相传舜帝时的《南风歌》至今回荡着上古的声音："南风之薰兮，可以解吾民之愠兮；南风之时兮，可以阜吾民之财兮。"歌咏的正是河东盐池。河东池盐的开发和利用，在中国科技史上写下了浓墨重彩的一笔。从天然捞采到天日晒盐，再到垦畦浇晒，我们祖先在池盐生产上实现了三大技术突破。

长期以来，这些技术被蒙上了浓厚的经验和神秘色彩。为了获取运城池盐的科学认知，以便更好地完成现代化开发，与火药史研究一样，自 1932 年起曹焕文对运城盐池及其池盐的理化性质、成盐机理进行了 10 多年的科学考察，先后写成系列研究论著，特别是连载于《西北实业月刊》（1945—1947）中的 14 万字、插图 36 幅、表格 200 例的《运城盐池之研究》，是迄今最全面、最权威的关于运城池盐的研究成果。其中，对运城池盐生产的关键化学工业问题给予了科学解答，特别是晒盐母基"硝板"的化学成分及其作用原理。曹焕文认为，硝板主要是芒硝与硫酸镁的结合物，硝板晒盐主要是"化学变化作用""吸热保温作用"和"助长晶析作用"三大作用的共同效应，这是今天还被普遍接受的定论。由此曹焕文发现，气温对盐井卤水中硫酸镁与食盐的化学反应具有决定性的影响，气温降低二者发生复分解反应生成芒硝，气温升高芒硝则与氯化镁逆反应生成硫酸镁和食盐，一举破解了运城盐池成盐的千古之谜，即"夏月生盐独美，春秋生盐多硝"以及"盐南风"何以必需？这是运城池盐认知与利用从传统到现代的范式转换。

曹焕文还以火药史的"他山之石"攻池盐史之"玉"，认为运城盐池的晒盐技术实由道家——即后世误传的"老和尚"炼丹术转变而来，因而与火药的发明年代一样肇始于魏晋之际。这一结论，即使放在今天，依然令人耳目一新。

站在运城池盐生产技术从古到今历史转折点上的曹焕文，一方面对传统的经验形态的生产技术给予科学解释，将运城池盐的开发利用纳入现代化、科学化的轨道；另一方面他从中国数千年关于运城池盐的科学实践、技术发明的宏大历史中去寻找根据和启示，使现代科技与科技历史互为根底、水乳交融。正是历史和现实的互证，在传统和现代转型之际，曹焕文本人也进入了历史，正如他是新旧火药史学转型的原点一样，他的名字也早已成为运城盐池史学范式转型的醒目坐标！

从中国火药史到运城池盐史以及自贡井盐史，对祖国科技历史的深沉挚爱，既是曹焕文爱国主义、民族自信的精神支柱，也是其进行科学研究、技术开发的灵感源泉。曹焕文系统发掘了运城池盐上下五千年的开发利用史，以翔实的史料提炼出运城池盐技术从天然捞采到天日晒盐再到垦畦浇晒的三大突破，不仅将一部恢弘的运城池盐技术发展史完整地呈现在世人面前，而且也成为他本人对运城池盐科学认识、技术开发的底气和前提。曹焕文从《天工开物》关于运城晒盐的记录中总结出11条要点，进而详细分析了运城盐池“种盐”的科学原理；同样，受到《梦溪笔谈》《天工开物》等科技古籍的启发，曹焕文还原了“咸淡水钩配”这一沿用至今的晒盐方法的现代机制。由此，曹焕文开创了科技史古为今用之先河！

1955年，同是山西人的席泽宗将中国古籍中从殷商到清初3000年间90次新星和超新星爆发记录整理成表，发表《古新星年表》一文，引起轰动，好评如潮。该文至今还是国际天文学界特别是射电天文学领域来自中国科技史的最重要文献。1972年，竺可桢发表《中国近五千年来气候变迁的初步研究》一文，其中近五千年来中国气温变化曲线图即“竺可桢曲线”，对今天全球气候变化的研究还是不可或缺地来自中国科技史的贡献。

事实上，席泽宗、竺可桢所运用的正是民国时期曹焕文在中国火药史、运城池盐史研究中行之有效的科技史古为今用之法。其中的意义，也许可以用席泽宗院士自身体会加以概括：

> “历史上的东方文明绝不是只能陈列于博物馆之中，它在现代科学的发展中正在起着并且继续起着重要的作用。”

3. 发现的逻辑：范式出新，科史之功

谲诡的是，把火药发明权“拱手”让人的不是别人，正是中国人自己，而且还不是在积贫积弱的近代！1487年，利玛窦西来百年之前，正是天朝如日中天之时，丘濬《大学衍义补》竟破天荒地提出“火药自外夷来”之说。180年后明末清初的方以智也持同样观点。这就不能不令人深思了！

在对火药发明说进行历史梳理和中西比对之后，曹焕文发现了旧火药史学前提的致命错误，即将火药与火器“捆绑”，想当然地认为火药是为火器而生，即“药”乃枪炮发“火”之药（gun-powder，枪粉，与治病之“药”毫无干系），于是火器的起源即是“火药”发明之始。正是这先验的臆见，险些致中国发明火药的功绩“永远沉沦，埋冤百世”！把脉寻症，曹焕文首次对“火药”词源予以“正名”，“火，化物也，亦言燬也，物入即能毁坏也。”故“火药”者，“毁坏之药”也，既可疗病，又致毁坏，矛盾至此，“其事至为失常”，“中间必有重大之道理”。“火药”一词乃偏正构成，中心词是“药”而非修饰用的“火”，“火药”即能发“火”之“丹药”（fire-drug），与医药同源，“一望而与医方相同，材料形式，无不毕肖，特最后目的功用不同，不作疗病而利用之以作发火燃烧之用耳。”原来，火药是中国古代炼丹家在炼制“丹药”时的最大“发现”！以治病、长生为目的炼制的“药”竟然能发“火”爆炸，这当在道士阴阳理论的意料之中，而炉毁人亡的惨剧又出乎意外之外。反过来，道士千百年来想方设法降低甚至消除“丹药”爆炸性和破坏性的努力，也殆无疑义地证明火药乃中国之发明！

从“火（器）”到“（丹）药”的转变，始知此“药”（gun-powder）非彼“药”（fire-drug），火药从火器的“附庸”变回为“主人”，拂去“枪粉”之迷雾，回归“丹药”之正宗，火药发明之殊荣终归我中华。作为首创者，曹焕文功不可没！

沉冤昭雪，汶阳归我。通过范式的转换，曹焕文将倒置的历史正了回来，谱写出一首火药的史诗：其一是火药发明的时代。曹焕文认为，是药物学和炼丹术同时大兴的魏晋之际“而逼到火药在技术上能产生出矣”！这一结论，较后来冯家昇、王铃和李约瑟等人的“唐代发明说”前推至少300年！半个世纪后，1982年王奎克等人通过模拟复原实验论证火药的起源可追溯到4世纪初的西晋；2009年容志毅发现并实验证明了东晋时期的一则原始火药配方。由此，我们对曹焕文80年前就已得出的科学洞见除佩服之外还能说什么呢？！其二是火药与火器的关系。曹焕文通过应用科技进化观指出，魏晋之际道家炼丹时发明了火药，南北朝时火药开始“公表于世”，隋代是民间火药杂戏盛行之时——炀帝“花焰七枝开”即此之谓，及至有宋一代火药才成功运用至火器，霹雳炮、震天雷、火枪、火铳之发明层出不穷！所以，是先有火药的发明及其民间的杂戏，最后才是火药在军事上的应用。换言之，是从“(火)药”到“火(器)”，而不是相反!

曹焕文开创的对“火药”本源进行考察的方法，以及关于“火药是由中国古代炼丹家所发明的”的论断，都被后来学术界普遍认可并作为研究的当然起点。继陆懋德之后，曹焕文也证明曾引起火药发明歧义的火器本身也是中国之首创!

无论是火药史，还是池盐史，曹焕文都有一条清晰的学术理路：首先是长达一二十年耐心的资料准备，在此基础上再进行深入的学术史梳理，归结问题症结所在(旧范式局限)，提出新的解决方法(构造新范式)，回归学术史并接受校验。简言之，学术史梳理——范式的转换——学术史检验!

看似简单的从“火”到“药”的词序调换，实质蕴含着火药史研究从与火器捆绑的旧范式中解放的革命意义，颠覆了中外数百年因果倒置的先入之见，云开雾散，水落石出，从而开创了新火药史学。

再看池盐史研究中范式的转换。针对运城池盐数千年生产的经验性、技术的前科学性等特征，曹焕文提出需要用现代科学的概念理论和精细规范的实验手段加以解释和改造，使之在现代科学范式下以新的面貌造福时代。

正如曹焕文临终遗言：“我一生相信科学!”曹焕文的科技史成就得益于他的科学方法，即近代科学革命的结晶——历史和逻辑相统一：从现象归纳出结论，这是历史的过程；再将结论作为前提演绎出理论，这是逻辑的过程。所以，“逻辑”(理论体系)是活生生的“历史”浓缩了的逆过程。这其中，决定“理论”正确与否的关键是来去两头，即源头和旨归的“现象”!胡适提倡的“大胆假设，小心求证”，杨振宁从根上做起、从原始问题来的方法创新，秘诀莫不在此。

对应地，就曹焕文的科技史研究而言，“结论”是“范式的转换”，“现象”是科技史实的“学术史”，起点是“梳理”，归宿是“检验”。我们说曹焕文是幸运的，因为他牢牢抓住了科技史实的“学术史”这条来龙去脉，又恰逢火药史学和池盐史学的革命之际，埋葬了旧范式，开启了新范式，从而成为火药史学和池盐史学的“革命者”和“第一人”!

## 三、从曹焕文看地方科技史研究的价值

1938 年 10 月 25 日，在离开西安赴战时首都重庆领取庚款资助的前夜，兴奋、憧憬之际，曹焕文写了一篇长文日记，其中有一段关于《中国火药全史》一书的工作计划：

> "《全史》：按部就班，不紧不慢，以精为度，以博为主。不草草完成，不为利诱，不责版权，不为人盗。注意各点，倍加小心。取编馆之材料，摘四川之图书。务将此成为世界的名著，个人为学界之巨擘，将借此以在中国声名四溢也。"

我们在为曹焕文的志向而感动的同时，也不禁为之深深惋惜。由于种种主客观原因，"世界的名著""学界之巨擘""在中国声名四溢"的夙愿在曹焕文生前未能实现。由于担心伦敦的空袭，曹焕文错过了 1941 年年底将其《中国火药全史》手稿交由一位伦敦力学教授带至英国翻译出版从而走向世界的大好机会。殊不幸的是，10 多年前曹焕文之女曹慧彬搬家，无意间使这套珍贵的手稿遗失。好在天道好生，曹焕文《中国火药全史资料》8 册手稿完好无缺。不然，曹焕文及其火药史研究真有可能被历史的烟尘永远埋没！

曹焕文是幸运的，是他昭雪了中国火药发明被埋没的历史"沉冤"，使之成为火药发明之荣耀回归中国当之无愧的大功臣；王坚博士也是幸运的，是他昭雪了曹焕文首创之功被埋没的历史新"沉冤"，使之成为中国火药史学史的功臣。王坚博士成绩的取得，除了要感谢曹慧彬女士的无私捐赠，还要特别感谢山西大学科学技术史研究所设置的地方科技史研究方向。正如"民族的就是世界的"一样，"地方的也是全国的和世界的"。曹焕文是山西近代重要的科技人物和科技史家，自然也是山西地方科技史研究的主题。加之，科技史实的学术史梳理是该所的传统和强项，尤其是高策教授引领的关于杨振宁、李政道、陈省身、丘成桐和张明觉等华裔卓越科学家思想的系列研究。因此，正如曹焕文本人是通过火药史和池盐史的学术梳理最终做出划时代的贡献一样，王坚博士也将曹焕文的科技史研究置于中外学术史流变的大背景下，挖掘和凝练，追踪和定位，不仅厘清了曹焕文火药史、池盐史研究的内容、特色和贡献，而

且明确了曹焕文在中外火药史学史、池盐史学史上的坐标性地位。

一次王坚和我说，科技史研究有如福尔摩斯探案，又像审理陈年旧案，不放过一个疑点，不轻信任何口供，从现场证据出发，剥茧抽丝，层层深入，寻找、发现并抓住真相；然后，从真相出发，还原案件的经过；最后，回归现场证据，并接受校验。我笑着说，很好！不过，这可不完全是思维的自选体操、精神的自由创造，而是早有成规和定法。你所领悟的“探案”“审案”心得，不正是“历史和逻辑相统一”的方法吗？是黑格尔对近代科学革命的方法论总结，是从哥白尼始经伽利略、开普勒到牛顿形成的今天从自然科学到人文社会科学日用而不知的方法论准则。未曾想，王坚记下了我的话，并将之应用到对曹焕文科技史学术理路的梳理中，发现曹焕文的成功正是对这种近代科学方法论的自觉运用。不知梦里身是客，王坚与曹焕文，一如庄周梦蝶，你即是我，我也是你，虚实相依，莫辨彼此！《文心雕龙》曰：“寂然凝虑，思接千载；悄焉动容，视通万里。”这是思想的力量，所谓：“思理为妙，神与物游！”曹焕文以科技史实的学术史去梳理火药史和池盐史，而王坚博士又拿起这把思想方法的利刃去解剖曹焕文的科技史研究，梦遇神交，衣钵相传，交相辉映，可谓佳话！有了学术史梳理这一思想武器和方法探针，科技史研究不再彷徨于呆板的文献考据，也不再是“资料长编加按语”的流水账，而成为有来处、有归宿的鲜活学术生命体。

一分耕耘，一分收获。我常对学生说：“幸运，是90%的努力加10%的运气！”王坚博士运气很好，无门而遇曹焕文这位世界级的学术巨擘。但如果没有坐坏冷板凳的定力，也不可能取得这份沉甸甸的学术成果。释读有如天书的手抄古籍，吃透火药和盐的化学知识，这对于本科是计算机专业的王坚不知要脱几层皮。王坚博士熬过来了，一时间宝剑光寒、梅花香冽！

对于曹焕文的科技史研究及其方法创新，王坚博士不仅是传承者而且是光大者。曹焕文发现火药是中国古代炼丹家在炼丹实践中的伟大发现，这是火药研究史上的第一次质的飞跃。王坚和我则认为火药也非纯技术的经验和偶然的发明，而是对立转化、相辅相成的阴阳学说这一中国古代独特的自然观和科学方法论的实践结晶。

火药成分中最主要也最特别的是硝，起自供氧（氧化）作用，中世纪阿拉伯人称为“中国雪”。1932 年，日本学者西松唯一因中国产硝而将火药发明指向中国。中国古代将氧化剂硝石定性“至阴”，取其“静以合化”之意；而将还原剂硫黄看作“至阳”，取其“动以行施”之意。荀子云：“天地合而万物生，阴阳接而变化起。”参自然，悟大道，启人工。既然天电与地电“天地合”，而雷电生是自然界的常态，那么，人为地将硝石和硫黄“阴阳接”，会不会“变化起”呢？所以，火药这燮理阴阳的人工造物，不正是荀子所期望的“制天命而用之”的千年科学目标吗？

“天地者，阴阳之神也。”五代南唐道士谭峭坚信，通过知“阴阳”进而召“阴阳”，通达“天地可以别构，日月可以我作”“数可以夺，命可以活，天地可以反复”的驾驭自然之道。人力之巧胜天工，我命由我不由天，这是何等的自信和豪迈！由是请问，“知”上的“召”，以及“制天命”的“用之”，即在阴阳学说等中国传统形态的科学理论和科学方法论指导下的炼丹实验，一如《天工开物》对火药成因的阴阳理论阐释：“凡以硝石、硫黄为主，草木灰为辅。硝性至阴，硫性至阳，阴阳两神物相遇于无隙可容之中，其出也，人物膺之，魂散惊而魄齑粉！”难道还只是经验和偶然的“技术”发明吗？还有，中国古建筑实践中的绝缘避雷，葛洪对硝石和硫黄的自觉隔离，这些对阴阳理论的反向应用，难道还是纯经验和偶然性的“技术”吗？有人说，中国古代只有技术没有科学，四大发明不属于科学。我们不赞同这种观点。我们认为，中国古代很少有纯技术，技术（“用之”）是以科学（“制天命”）为基础和先导的，二者水乳交融、浑然难分，更多的是“科学中的技术”和“技术中的科学”！我们赞同李约瑟关于文化的多样性和科学的普适性的提法，因为这很好地概括了中国古代科学技术的特点及其意义。

地方科技史具有国家通史不具备的唯一性和稀缺性，或者说是地方性和区域性，因此能够珠还合浦，拾遗补阙，不鸣则已，一鸣惊人！我本人就尝到不少甜头，从博士学位论文《清代浙东学派与科学》，到与高策教授合著《山西科技史》（上部），前后发现了黄百家在中国最早而全面地传播哥白尼日心地动说、安清翘独立于牛顿之外得到岁差成因的科学解释。个人认为，从 2001 年的硕士点到 2004 年的博士点，山西大学开设地方科技史研究方向是很有学术预见力和学科穿透力的大器之举。不夸张地说，王坚关于曹焕文的火药史研究以及杨阳关于戏台设瓮回声的发现，是近年来所里研究生在博士期间做出的具有示范意义的学术成果，已然成为山西大学地方科技史研究走向辉煌、走向国际的重要标杆！而他们各自的遗憾也说明了科技史学科所具有的文物抢救的不二价值，即王坚如果早上五年，则曹焕文《中国火药全史》手稿不一定会不知所踪；杨阳如果早上两年，则龙天庙戏台这设瓮回声的“活化石”不一定会拆。所以，科技史包括地方科技史是有用甚至有大用的！

此去经年，阳关三叠。而今迈步，晨光正好。明年，是曹焕文和李约瑟诞辰之双甲子。二人都是中国火药史研究大家，都将火药发明的殊荣回归中国，双峰并峙，东西辉映，实中国科技史之大幸事！王坚博士大作的出版，生当盛世，恰逢其时，是对两位中国科技史大师的最好纪念。

另外，欣闻王坚博士在完成这部大作之后，还将与中国科学技术出版社继续合作，拟将曹焕文三部遗著《中国火药全史资料》《运城盐池之研究》《太原工业史料》结集点校、注释出版，可谓功在当代、利在千秋。如果说曹焕文是中国科技史的一颗遗落的明珠，那么，王坚博士就是发现这颗明珠并使它重放异彩的寻宝人。作为王坚博士的导师，欣慰何极！伏惟再接再厉、更上层楼，实余所深望焉。

最后，草拟一首小诗，题名《火药：谜之史诗》，来略微表达对曹焕文和王坚工作的敬意：

“火药为诗文明生，枪粉掩灭因果灯。

名实大义炼丹术，毁成微言魏晋风。

花焰七枝烘杂戏，采石霹雳耀长庚。

逻辑历史究学理，汶阳归我感曹翁！”

言不尽意，权当作序！

杨小明

2019 年 8 月

# 目录

## 下篇　曹焕文运城盐池科技史研究

# 导　言

曹焕文先生是民国时期山西著名的化工专家、实业家和成果丰硕的学者，是西北实业公司筹备委员及主要的建设者，是中华人民共和国成立后太原市分管工业和科技的第一位副市长。国内外针对曹焕文的研究，数十年来一直未得到充分展开。除本书作者几篇影响有限的论文外，迄今仍未形成专论与专著。少数提及曹焕文的文稿，仅是围绕其作为近代山西工业建设中坚力量的一分子，以及其作为太原工业领导者的角色而进行的简单介绍。作为贡献卓著的科技史家角色的曹焕文，则被学界长期“有意或无意地”忽视。本书的研究致力于挖掘已被尘封的文献，还原这一段被烟尘遮蔽的历史。

研究主体分为导言、正文（共四章）和结语三个部分。正文由上篇和下篇组成。

上篇为曹焕文火药史学研究，包括三章内容。第一章以对曹焕文先生的女儿——原太原市科学技术协会副主席曹慧彬女士的采访为基础，结合《浑源县人物志》《太原文史资料》《山西科技志》等资料，考证叙述了曹焕文从20世纪初期留学日本，到归国建设山西工业，直至中华人民共和国成立后为工业与科技建设奉献一生的简要经历；第二章通过对曹焕文之前（包括明代和清代以及西方18世纪末至19世纪初）世界火药史研究的著述和文献进行梳理、分析与对比，总结出近代火药史学的特征以及困境，为第三章对曹焕文火药史学解决此困境问题的研究做前期铺垫；第三章挖掘并整理了曹焕文火药史学论著的部分原始手稿和一手文献，通过横向与纵向的对比，总结其火药史学在史料和史学方法上的创见与突破。

下篇为曹焕文运城盐池科技史研究。通过对1911—1949年国内外的盐史以及运城盐池论著的统计与比较，总结了近代运城盐池研究的特征。最主要的是，搜集整理了曹焕文创作于民国时期的盐史论文，以及连载于《西北实业月刊》的著作《运城盐池之研究》。通过与现代研究比较，考证了曹焕文对“硝板”化学成分鉴定、盐池芒硝来源、硝板化学作用等的盐池化学研究，以及运城盐池产盐技术演进史的化学史研究。特别考证了曹焕文运用运城盐池的“咸淡水钩配原理”，解决了四川井盐化工技术的相关问题，解释了曹焕文的研究是运城盐池研究科学方法的范式转换。

## 一、研究背景

黑色火药是世界科技史上具有重大历史意义的伟大发明。200多年来，人们始终没有停止过对它早期历史问题的争论。进入20世纪以后，国内外历史学家特别是中国学者完成了一系列出色的研究，使得火药的发明和中国联系在一起，并逐渐成为主流共识，例如冯家昇的专著《火药的发明和西传》、李约瑟和鲁桂珍的论文《关于中国文化领域内的火药火器史的新看法》、郭正谊的论文《火药发明史料的一点探讨》《火药起源的新探讨》，等等。此外，还有诸多相关学者，他们不仅为火药的“中国发明说”奠定了基础，而且证明早在唐代时炼丹家就已经发明了火药。本书研究的转折点出现在2010年。当时笔者撰写硕士论文时对民国山西工业史资料进行考证和研究，发现西北实业公司化工专家及科技史家曹焕文早在20世纪初就投入了极大的精力和热情于火药起源的研究，并最早提出了火药是由中国古代炼丹家发明的论断，比至今仍被学界公认为最早提出相关论断的冯家昇更早。曹焕文集毕生心血的著作《中国火药全史》完全没有得到学界的重视，实在是火药史研究领域的一大遗憾！其火药史著作于20世纪40年代曾引起英国学者的极大关注与兴趣，并专门索取欲翻译出版于国外。其中提出的火药起源年代可上溯至我国魏晋时期，这与最新火药史研究成果——容志毅的《东晋道士发明火药新说》一文提出的火药发明于东晋的论断相契合。因此，对曹焕文火药史以及其原始手稿进行研究意义重大！此外，经笔者考证，曹焕文编著的《中国火药全史资料》对中国古代浩如瀚海的典籍（如《杜氏通典》《续通典》《清朝通典》《文献通考》《武备志》《竹庐经略》《救命书》《慎守编》等）与火药、火器相关的资料进行了研究处理及汇编，可谓是火药史研究的丰富而珍贵的资料宝库。同时，其只以原始手稿留世并未有过发行，其珍贵程度及需要保护的急切性由此可知。

对文明而言，火药的发明太重要了！对火药史而言，“火药是中国古代炼丹家发明的”这个结论意义重大！对本书而言，通过对第一手文献的考据，为“火药研究史”开发曹焕文研究的支脉做出力所能及的工作意义重大！同时，挖掘与定位曹焕文在中国火药史研究史上的本来坐标，对火药与中国名字之间关联的历史研究，也具有重要意义。

在挖掘与整理曹焕文火药史研究原始手稿及相关论著时，尤其在对民国工业科技重要刊物——《西北实业月刊》进行逐册查询和浏览的过程中，笔者发现曹焕文另一套极重要的科学史巨著《运城盐池之研究》在该刊物上被连载 5 卷 20 期，时间跨度长达 2 年。由此，笔者将论文研究的对象扩展至整个曹焕文的化学史——包括火药史与运城盐史的研究。

盐是人类赖以生存的必需品，是心脏起搏过程中重要的化学物质，也是历史上人类重要的财税来源之一（英文 salary，即“薪水”一词，就来源于 salt，即“盐”），因此也是人类繁衍生息的文明见证。运城盐池是世界最早开发的盐池及盐产地，其产盐史达 4000 年以上，孕育形成了中国上古文明的最初格局，并在数千年文明演进的诸多时期扮演了重要角色，具有不可忽视的历史地位。盐史的记录方式，在古代大都为文学及志书的形式，而运城盐池因其“成自天然，品质纯净，储量丰饶，采取便利，当海盐井盐未经利用之先，人民食用所需，唯此是赖”[①]，所以其历史又构成了古代盐史中最早也最重要的一部分。然而，盐池的科学研究，受限于古代科学与技术的经验性特点，无法从理论层面对“垦畦浇晒”“盐南风”“咸淡得均”“硝板成盐”等池盐生产的关键技术进行解释。而现代盐池的科研蓬勃展开，基于现代科技这种与古

① 袁见齐．西北盐产调查实录［M］．（民国）财政部盐政总局，1946：9.

代完全不同范式的科学研究方式。因此，从史学史角度去探究古今盐池科研方式的范式转换，是科学史上一个极具意义的问题。而笔者通过对比近代盐池科学史研究的所有论著情况，得出结论：正是曹焕文的《运城盐池之研究》，发端了运用现代化学原理去解释与改造运城盐池的现代科学研究。现当代针对运城盐池产盐原理的科学研究，也绝大多数直接来自曹焕文近半个世纪之前就已完成的研究。因此，将曹焕文的化学史贡献在科学史学史上寻找一个准确的定位，也是一件重要且有价值的工作。

另外，在太原市著名的南宫旧书地摊上不时可见的曹焕文于中华人民共和国成立之初编印的《太原工业史料》一书，是曹焕文关于太原工业发展及后来规划的集资料性和研究性于一体的著作。

综上所述，曹焕文不仅是造诣非凡和成就卓著的化工专家，同时在中国火药史、运城盐池史以及太原工业史等方面也做出了奠基性的贡献，也是名副其实的科技史研究专家。

## 二、研究现状

### （一）关于曹焕文的研究

曹焕文的研究成果长期被埋没在“历史的烟尘”之中，迄今为止的所有针对其个人的研究，仅仅有为数极少的提到其生平或对山西近代工业建设方面的著作的引用。例如，已故的山西省社会科学院研究员景占魁先生所著的，关于近代山西工业研究的经典专著《阎锡山与西北实业公司》，对曹焕文的时代贡献有多处涉及，但对于其具体学术成就，尤其是火药史研究方面的突出成绩，由于其角度等方面的原因，没有涉及和研究；撰写的《科学技术与民国时期的山西工业》[①] 也专门引用曹焕文在担任西北实业公司襄理一职时关于工业建设的深刻见解，分析了“科学、技术和工业的关系”，认为当时“山西工业界人士对于科学技术

① 王佩琼．科学技术与民国时期的山西工业［D］．太原：山西大学，1998：39.

的认识已经达到了前所未有的高度”。除此之外，王宇峰的《阎锡山幕僚研究》[①]、刘鹏的《西北实业公司研究（1945—1949）》[②] 和连峰的《山西地方工业化的初步尝试——以西北实业公司为例》[③] 等，对曹焕文有相对初步和简单的涉及。同时，这些研究都是政治或社会史学的角度，而非科技史的角度。即使偶有科学史研究谈及曹焕文的研究，由于其对曹焕文相关学术在深度和广度上的了解并不够，所以也未能得出更加准确的结论。例如，强忠华的《宋代火药应用研究》[④] 依据曹焕文的火药史论文“火药起源之研究”，评价曹焕文仅仅是“开始关注火药研究这一课题，但由于处于研究的初级阶段并未取得巨大影响及成就”。而运城盐池的当代权威学者柴继光先生（1931—2012），则在其论文《解放前开发盐池化学工业资源的尝试与失败》[⑤] 中谈到曹焕文对盐池近代化的努力时认为：“曹焕文先生在他著的《西北盐池》（载《西北实业》）一文中，对盐池生产的改革进行过鼓吹，……至于化学工业，他也仅只是认识到‘盐的副产品，对于工业的原料很多，价值很大，销路也甚广。’至于如何开发利用，他也没有提出完备的主张。”事实上，柴先生已然清楚地认识到《运城盐池之研究》乃曹焕文盐池著作的集大成者，并在自己的其他诸多论著中大量“引用”曹焕文研究过程与观点的情况下（如其对运城盐池硝板晒盐的三个化学作用的研究），却有意无意地避开《运城盐池之研究》不谈，仅举例曹焕文研究初期的论文《西北盐池》，即得出曹焕文“没有提出完备的”“开发利用”盐副产品主张的结论，这一点，颇令笔者困惑与不解。

可见，国内外关于曹焕文及其科技史研究迄今尚无清楚、细致及具有深度的研究。

---

① 王宇峰．阎锡山幕僚研究［D］．西安：西北大学，2005：23.

② 刘鹏．西北实业公司研究（1945—1949）［D］．保定：河北大学，2011：7-10．该文对西北实业公司于 1932 年筹备及 1945 年复业时的机构设置及主要人员进行了介绍，曹焕文是筹备委员之一，也是复业时工业处处长（兼襄理），“掌管全部劳务和生产技术”。

③ 连峰．山西地方工业化的初步尝试——以西北实业公司为例［D］．太原：山西大学，2012：4.

④ 强忠华．宋代火药应用研究［D］．上海：上海师范大学，2009：1.

⑤ 柴继光．解放前开发盐池化学工业资源的尝试与失败——运城盐池研究之四［J］．运城师专学报，1984（4）：66.

## （二）关于火药史和史学史的研究

火药的起源及传播是火药史的两个核心问题。在曹焕文之前或同时期进行研究的主要有历史学家陆懋德、化学史家丁绪贤与李乔苹等。陆懋德在《中国人发明火药火炮考》一文中，运用翔实的史料论证了火药和火炮最早发明于中国的结论，但对火药是何时由何人发明的问题，则认为“实无详细之记载可考”，因而未将研究深入下去。丁绪贤和李乔苹则分别在其《化学史通考》和《中国化学史》著作中针对火药起源和西传做了简单研究，可惜未形成专门的论文和论著。目前国内外最早的火药史研究权威是历史学家冯家昇，他的著作《火药的发明和西传》被公认为是中国火药史研究的奠基和权威之作。迄今为止，国内外有关中国火药起源的研究历时近百年，内容丰富，角度多样，相关新史料不断涌现，模拟复原实验也在不断更新。从20世纪下半叶的张子高、王奎克、朱晟、郑同、袁书玉、郭正谊、袁成业、松全才、刘广定、孟乃昌、赵匡华、周嘉华、钟少异、潘吉星和李约瑟及其中国夫人鲁桂珍，到21世纪初的容志毅等人，对火药的“中国起源说”都做出过不可磨灭的贡献。他们都以接受和承认冯家昇“火药是由中国古代炼丹家发明的”这一论断为出发点。尽管冯家昇的研究如“火药是丹家孙思邈在对硫黄‘伏火’时发现的”等结论，已经由李约瑟、席文（Nathan Sivin）、刘广定、郭正谊等指出其错误并更新以各自的研究观点，但针对此中国火药“研究史”——火药史学史的重要观点，却迄今尚无人提出异议。而事实上，冯家昇之前的曹焕文早就于1942年“中国火药之起源”的论文中已经对“火药由中国发明”以及“火药是中国古代炼丹家发明的”等关键问题进行了研究并做出了论断。但极为可惜的是，由于种种原因，其学术著作一直尘封于书斋，不为外人所知。

因此，要将曹焕文的火药史研究置于整个火药史的研究史——火药史学史中，为其合理定位，则要从两条线索入手考察：一是从明代发端历经清代直至民国时期的中国火药史学史；二是从开始于19世纪末到20世纪初的近代西方火药史学史，将此两条线索中涉及的关键火药史研究论著进行材料搜集、分析、比较，方可达到如上所述火药史学史研究的目的。此项专门研究，国内外尚不多见。然而，结合曹焕文火药史的研究，则更未出现。

### （三）关于运城盐池的研究

关于运城盐池的研究著述，古今可谓“汗牛充栋”。针对盐池科学而进行的研究，古代最常见的方式为“现象记录”，如《水经注》《晋问》《梦溪笔谈》和《天工开物》等对盐池卤水在高温下变红的记载为“蚩尤血”，但之所以产生赤色的原因，却转至神话与传说等“盐池文化”研究角度；而卤水晒盐需“咸淡得均”的科学原理，只记录为一种世代流传的晒盐技术特色。现代运城盐池的科学研究，则是用现代化学理论充分揭示盐业生产环节中的技术背后的科学原理，如盐池何以夏天出盐而冬天产硝？其源自温度与卤水内化学反应的关系；硝板化学成分是什么？结论为“白钠镁矾”（$Na_2SO_4 \cdot MgSO_4 \cdot 4H_2O$）；而出盐时的卤水内添加淡水的产盐科学传统，却与卤水内化学成分的溶解度和饱和度有关……如此种种，是现代运城盐池科学研究的情形。这样的研究论著，如柴继光的《运城盐池研究》（2 册）内收多篇论文等。自 20 世纪 80 年代至今，已有三四百篇之多，此处不能逐一列举。

然而，这些围绕运城盐池产盐及盐化工产品的科学论文，其中有如上列举的许多观点和科学结论，追溯其源头，则是曹焕文在 20 世纪 40 年代著《运城盐池之研究》。通过整理与分析近现代运城盐池化学研究的论著，并比之于曹焕文著作内的具体内容，又是盐池史学史的研究。这种研究目前仍尚少见。

## 三、研究方法

### （一）挖掘与查阅文献

科学史学兼具科学学科与历史学科的特征，而历史学的特征之一就是需要大量的文献资料作为研究支撑。查阅文献是历史学研究的基本方法。本书在写作之前以及写作过程中不断发现、探寻到与研究直接或间接相关的重要原始手稿以及文献资料，包括曹焕文完成于1938—1939年的火药史文献集——《中国火药全史资料》和连载于《西北实业月刊》（1945—1947）14万余字的盐史著作——《运城盐池之研究》，尤其后者的蒐集、整理与统计，需要花费大量时间、精力与耐心才能完成（包括清点著作字数）。此外，另有明代、清代、民国时期的火药史研究文献以及其引用与参考的如《汉书》《稗编》《事物原始》等更古老或更稀有的文献，以及近代国外（主要为西方国家）火药史学研究文献，如梅辉立（William Frederick Mayers，1831—1878）、古特曼（Oscar Guttmann，1855—1910）、卫三畏（Samuel Wells Williams，1812—1884）、富路特（L. Carrington Goodrich，1894—1986）、丁韪良（William Alexander Parsons Martin，1827—1916）、矢野仁一（Yano Jinichi，1872—1970）等诸多外国学者或汉学家的著述。这些外文文献的获取，大部分来源于网络搜索下载与购买的方法。在运城盐池文献方面，更多阅读的是通史著作、地方志、碑刻资料以及文史杂志等。对诸如上述列举的文献阅读与分析整理，是本书研究得以开展的保障。

### （二）口述史与文献考证相结合

通过对曹焕文先生的女儿——原太原市科学技术协会副主席曹慧彬女士的采访，获取其对父亲生前的研究过程或工作与生活细节等的回忆，将其与曹先生手稿和论著的相关内容进行对比考证，尽量还原及确定有关曹先生的真实研究经历。

### （三）实地调研

运城盐池是山西的地方科技瑰宝，也被英国著名科学史家李约瑟称为“中国古代科技的活化石”。尽管盐池在20世纪80年代后停止产盐，转而在南风科技集团的建设下开始生产多种盐化工产品，但至今仍然保护性地保留了古代畦地晒盐的生产场景，尤其在2014年重新晒出一批潞盐，使得今人可以目睹大盐之颗粒饱满，甚至亲口品尝盬盐之苦。此外，保护与修缮过的盐池神庙以及其中凝结了千年盐池文化的古碑和古建筑，都是相关科学研究不可忽略的实地考察对象。笔者在运城的调研过程中获得了多处宝贵的研究灵感以及资源，也形成了本书的部分重要研究结论。

## 四、研究难点及创新

本书所遇研究最大困难有如下两方面：一是原始手稿的整理和分析。因为曹焕文在《中国火药全史资料》中的手迹大部分是毛笔草书，尤其是日记中的许多汉字使用了现今不太常见的简化写法，对此笔者需要花费很多时间和精力进行识别；此外，曹先生手稿中并未详细记录其著作年份，这个重要研究信息，需要从大量相关资料中去对照推断。二是近代国外火药史研究文献的蒐集与分析难度较大，特别是对其中少数稀见文献的获取和准确翻译，以及通过分析多种资料，得出火药史学的发展脉络与特征，这需要更多更高的计算机操作与网络搜索技巧、文献识别敏感度以及研究专注度。

本书研究的创新之处包括如下六个方面。

（1）挖掘并获取了唯一存世的曹焕文火药史研究文献资料集《中国火药全史资料》完整的8册手稿（内含曹焕文在1938年于西安进行火药史研究时所记96篇日记）；搜集并整理了连载于《西北实业月刊》（1945—1947）共20期14万余字的盐史著作——《运城盐池之研究》。此外，通过调研，查阅了大量一手文献，如刊登于《航空机械》（1942）和《西北实业月刊》（1946）的曹焕文火药史论文“中国火药之起源”，以及《中华实业季刊》（1934—1935）、《中华实业月刊》（1935—1936）、《西北实业月刊》（1946）等发表的曹焕文盐史论文“整理运城盐池盐务私见”“整顿潞盐计划书”“西北盐池”等。在山西省图书馆地方文献阅览室和特种文献阅览室，查找到曹焕文撰写的《河东潞盐盐务丛集》和《西北实业周刊》（1946—1947）内载其十余篇演讲或发言稿。利用国内外多种过刊数据库、搜索引擎和网络资源，查找到19世纪末至20世纪初的西方火药史研究论著20多种，从中梳理分析出了近代西方火药史学的特征。利用在国家图书馆现场查阅与文献传递相结合的方式，阅读、抄录和复印包括《科学前哨》（*Science Outpost*）、《伏炼试探》

（*Chinese Alchemy*）在内的十余种珍贵科学著作，分析梳理了曹焕文同时期或之后最重要的火药史学研究成果与特征。

（2）对曹焕文日记手稿与火药史论文进行对比考析，确定手稿的准确时期，探轶或推断曹焕文关键研究结论的理论源头。

（3）历史学的“比较史学”既包括史料的比较，也包括史学方法的比较。本书特别从史料和史学方法两方面入手，不仅强调史料的考证，而且重视由纵横两个方向上比较近代中西火药史和盐史的治史方法，最终找出曹焕文在近代科学史学领域的定位与坐标。

（4）对几处学界一直未曾涉及或存有疑问的研究进行大胆假设和小心求证，得出自己的观点。如曹焕文可能在 20 世纪 40 年代初与李约瑟有过间接的学术往来。此外，也证明并更正了学界长久以来达成共识却是错误的几个观点，如李约瑟在 1948 年的名著《科学前哨》（英文）内擅改了他于 1944 年在重庆的一篇演讲稿的重要结论。

（5）为运城盐池的现代主流科学研究找到了研究规范的原点。如大部分权威著作提出的运城硝板晒盐的三条“化学作用”，事实上皆出自曹焕文在半个世纪前的《运城盐池之研究》。

（6）实地考察运城盐池、池神庙、河东博物馆和运城盐湖区博物馆，拜访当地专家，摄录古碑原始碑文。由聚集了盐池文化的池神庙内建筑及名称等多方面获得巨大灵感，支持了曹焕文的“盐池科技起于魏晋丹术大兴时期”的推断。

# 上篇

# 曹焕文火药史学研究

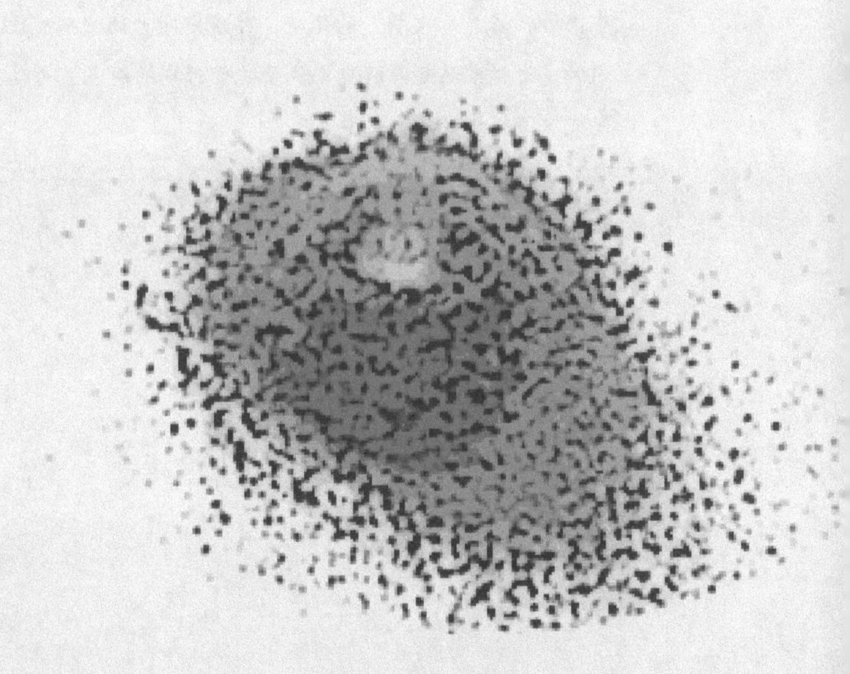

由明代发端、历经清代而至民国时期的中国近代主流火药史学，与19世纪末至20世纪初的西方火药史学，形成了以火器史和火药史“捆绑”研究为共有特征的近代火药史学。从史学史角度来看，20世纪三四十年代出现的以丹药学为基础的火药史学，开启了一种新的现代火药史学研究，而这一研究视角和方法的转型最早是由曹焕文开始的。在火药起源问题上，曹焕文完成了两个学术路径的转变：一是剥去了覆盖在火药名称上的表象意义，揭露出了发火之药的本质内涵，将旧火药史学偏重于火药之“火”的研究方式，过渡为以“药”为中心的新方式。二是将火药由医药的局限理解范畴，扩展为医药与丹药结合的更大范畴，从而使炼丹术研究成为火药起源问题的研究主体。更重要的是，曹焕文最早提出了“火药由中国古代炼丹家发明”的论断，可谓中国火药史研究之“第一人”；同时，他将火药起源时期定位于魏晋时期的观点，为现当代相关研究提供了新的视角和重要启示。

# 第一章

# 曹焕文生平简介与主要科技活动

## 一、曹焕文生平简介

曹焕文（图 1.1），字明甫，1900 年 4 月 22 日生于山西省浑源县。1914 年入浑源县立中学，1918 年秋考入山西留日工艺练习生预备科。1919 年毕业后赴日本，在东京瓦斯株式会社千户工厂做练习生；1921 年考入东京高等工业学校（东京工业大学的前身）电气化学科。曹焕文的东京高等工业学校毕业证书及留日学生毕业证明书如图 1.2 和图 1.3 所示。

图 1.1　曹焕文（1900—1975）

曹焕文留学 8 年，囊萤映雪，涉猎广泛，不仅在专业上取得了极优异的成绩，同时也研习了日、法、德、俄等国语言[①]，并开始了化学史和火药史的相关资料搜集与研究，例如针对日本成立于 1905 年的“火兵学会”的研究，收集和整理了几乎全部《火兵学会志》（图 1.4），为其于 20 世纪 30 年代着手写作

① 曹慧彬，李泓．曹焕文先生与西北实业公司［M］// 霍润德．晋阳文化研究（第八辑）．太原：三晋出版社，2014：164.

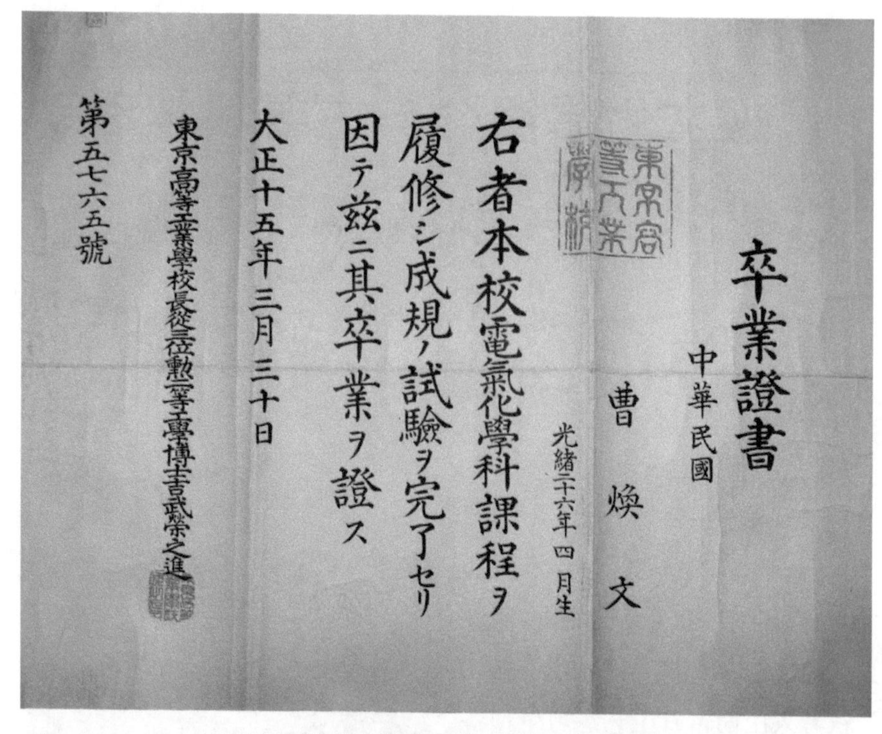

卒業證書

中華民國

曹 煥 文

光緒二十六年四月生

右者本校電氣化學科課程ヲ
履修シ成規ノ試驗ヲ完了セリ
因テ玆ニ其卒業ヲ證ス

大正十五年三月三十日

東京高等工業學校長從三位勲二等工學博士吉武榮之進

第五七六五號

图 1.2　曹焕文东京高等工业学校毕业证书

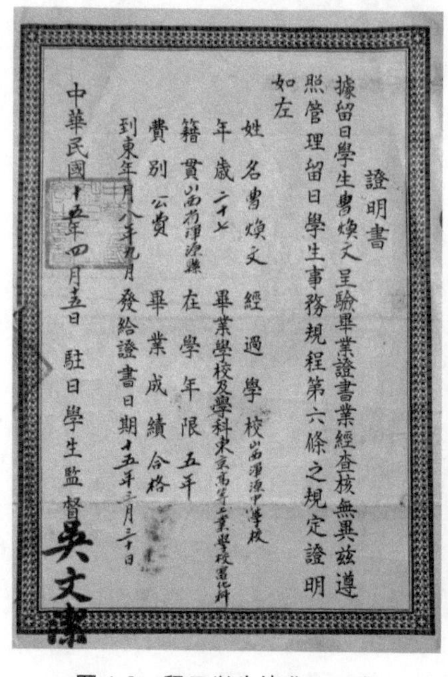

證明書

據留日學生曹煥文呈驗畢業證書業經查核無異玆遵
照管理留日學生事務規程第六條之規定證明
如左

姓名 曹煥文　經過學校 山西渾源中學校
年歲 二十七　畢業學校及學科 東京高等工業學校電化科
籍貫 山西省渾源縣　在學年限 五年
費別 公費　畢業成績 合格
到東年月 八年九月　發給證書日期 十五年三月三十日

中華民國十五年四月五日　駐日學生監督 吳文潔

图 1.3　留日学生毕业证明书

图 1.4　曹焕文整理并收藏的日本《火兵学会志》

的专著《中国火药全史》做了重要的资料及理论基础准备工作。

1926年年初，曹焕文学成归国之前，校方曾有意并力图留其继续深造。同时，日本的其他多个科研单位也愿意提供优厚的待遇，以使其可以在日本工作，但曹焕文谢绝了所有劝说和挽留，毅然回国，加入到山西近代科技建设的洪流中。

## 二、曹焕文主要科技活动

1926年年底，曹焕文学成归国，出任山西火药厂工程师，后任厂长。该厂的前身是当时全国“三大兵工厂”之一的太原兵工厂的无烟火药厂和酸厂两个分厂，在曹焕文厂长任上独立组建为新厂。他以140万美元从德国购置了全套107部机器设备，在当时全国首屈一指，解决了电解制造氯酸钾的问题，成为国内最早的氯酸钾制造厂。同时，他使得“双福火柴厂”发展壮大，生命力延续30年之久。产品远销欧美，闻名世界，极大地刺激了山西人对近现代化学工业的兴趣。曹焕文在山西省创办多家火柴厂，出现了“火柴黄金时代”的局面（图1.5）。为了解决

图1.5 “双福火柴”纪念雕塑

（笔者摄于太原市濒汾公园的双福火柴厂旧址——火柴盒广场）

硫酸产量低的技术瓶颈，曹焕文于1927年再度赴日，先后参观调研了日本陆军火药厂、海军火药厂和若干民间火药厂，回国后又在沈阳兵工厂进行了考察。返回太原后，他在城北沙河北村开始兴建一个新的更大的火药厂，引进了具有最新工艺的、采用日本技术设计的德国设备。该火药厂后来更名为“西北化学厂”，曹焕文兼任厂长。

1932年，被称为“山西现代工业孵化器”的西北实业公司在太原筹备，曹焕文被指定为筹备委员之一，并任工务组组长。1933年8月1日，西北实业公司正式成立，曹焕文出任化工组组长，先后参与创立了7个厂，分别为西北火柴厂、西北电化厂、西北窑厂、西北洋灰厂、西北皮革厂、西北制纸厂和西北印刷厂。1935年，曹焕文出任公司研究部部长和工务部部长，为新建厂矿的可行性和新产品、新材料的开发研究做了大量的工作。西北实业公司在近代山西乃至中国工业科技史上做出了重大的基础性贡献，而曹焕文在其中所起的作用，更加不可忽视。尤其是他对“化学工业之母”的“三酸”（硫酸、盐酸和硝酸）的研究，造诣很高，因此他被称为“山西化学工业的奠基人”。

全面抗战爆发以后，西北实业公司被迫停止活动，人员开始疏散撤离。此时山西国民师范即将停办，曹焕文受委托而筹办了“太原市工业职业学校”，并任化学科主任，从事电气、机器培训教育活动。1937—1938年，他出任西北实业公司西安和成都公司工程师。1938年，曹焕文着手以“中国火药史”为题申请“中英庚款董事会协助非常时期科学工作人员项目”奖金，在10个学科组共1600多名申请学者中脱颖而出，并拔得头筹，获得化学组第一名。其他组的获奖人员有谢远达（社会科学组）、尹宝泰（工程组）、王献堂（人文科学组）、王炳章（地质地理组）、童第周与陈桢（动植物及生理组）、李珩和李达（算学组）、胡乾善（物理组）、阎玫玉（农学组）、祝维章（医学组），他们皆为学界各行之精英翘楚或后起之秀，以动植物及生理组第二名陈桢为例，即可窥见此项目之权威性与含金量：

“陈桢，我国动物学家、遗传学家、教育家，1948年中央研究院院士，1955年中华人民共和国第一批科学院学部委员。1937年抗战爆发后，陈桢随清华大学南迁到长沙，任教于国立长沙临时大学。1938 年，陈桢回北平搬家，被侵占北平的日军知悉，派驹井卓等日本遗传学家威逼他留在北平。在威逼恐吓面前，陈桢不为所动，并以协和医院为掩护，趁机撤至位于昆明的西南联合大学任教，直至抗日战争胜利。”

1939—1940 年，曹焕文先后在重庆中华大学理学院和军政部兵工专门学校出任教授。1940—1942 年，任成都中亚化学工厂总工程师。1942—1943 年，任成都空军机械学院高级教官。1943—1945 年，任四川自贡市中央工业试验所盐碱实验场工程师兼副场长。

1945 年，日本无条件投降后，阎锡山电召曹焕文速返太原，出任西北实业公司工业处处长，兼西北化学厂厂长，与公司经理彭士弘等人接管全省的工矿企业。在担任西北实业公司技术职务、生产管理职务和公司领导职务期间，曹焕文参与并主持创建了诸多重要工厂，是山西近代工业建设与发展最具突出贡献的科技人物之一。

1949 年 4 月 24 日，太原解放，曹焕文被任命为太原市军管会公营轻重工业管理处总工程师兼工程师室副主任，并被吸收为太原各界人民代表会议代表。在市军管会的支持下，他与山西大学教务长严开元、山西大学教授郑文华合作，提出了在太原市组建科学工作者协会的倡议，得到了全国第一次自然科学工作者代表大会筹委会的支持，建立了全国第一次自然科学工作者大会筹委会山西分会，并当选为常委兼该会秘书长。1949 年 9 月，山西省人民政府成立后，他先后担任山西省工业厅计划处、生产技术处和化学工业管理处处长。1950 年，在周恩来总理的亲自批复下，他担任了太原市人民政府、太原市人民委员会副市长，分管工业、科技和城建工作，其“任命书”如图 1.6 所示。中华人民共和国成立初期，太原被确定为国家重工业发展基地，而关于苏联援建的重型机械和化学工业等大型企业能否在太原建设的问题，众说纷纭，莫衷一是。为了考察太原是否有地震源，曹焕文遍访山西大部分县乡，进行了细致的实地调查研究，经过科学的测量和精细的计算，最终认定山西的震源地不在太原，而且太原震级最高不超过 6 级，从而得出“太原可以完全重工业化”的结论，为太原许多大型厂矿和技术改造扩建工程，提供了重要的理论支撑。

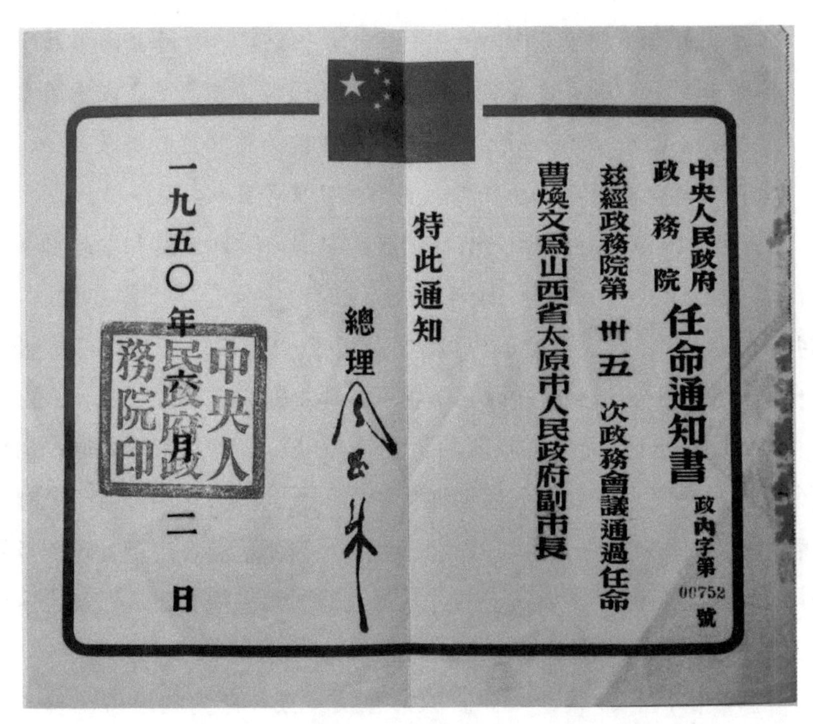
中央人民政府政務院任命通知書 政內字第00752號

茲經政務院第卅五次政務會議通過任命

曹煥文爲山西省太原市人民政府副市長

特此通知

總理

一九五〇年 月 二 日

中央人民政府政務院印

图 1.6　曹焕文太原市副市长“任命书”

1954 年，曹焕文在时任太原市市长的王大任（1916—1999）的建议及帮助下，撰写《太原工业史料》（图 1.7 和图 1.8），于 1955 年“内部发行”，成为太原乃至山西工业建设的宝贵资料。

20 世纪 60 年代中期，曹焕文被下放到远离太原的新绛县。在那里，他仍心怀“建设太原”“提高厂矿企业生产技术水平”的梦想。他在晚年常常独自身着补丁衣服，频频出现在县城的书店里。与此同时，癌症却在这个为国家建设和科技进步奉献一生的老人的肺部慢慢扩散。1975 年 10 月 30 日，曹焕文先生病逝，留下一句遗言：“我一生相信科学，生命最后没有什么可以留下的，就多切点病体的癌片为新的医学科学研究做一些微不足道的最后贡献吧。”①

曹焕文留下的《中国火药全史》《运城盐池之研究》《太原工业史料》等科技著作，鲜被学界关注，一直尘封。

① 据曹焕文先生的女儿曹慧彬女士回忆。

图1.7　曹焕文撰写的《太原工业史料》（左为内部发行本，右为原始手稿）

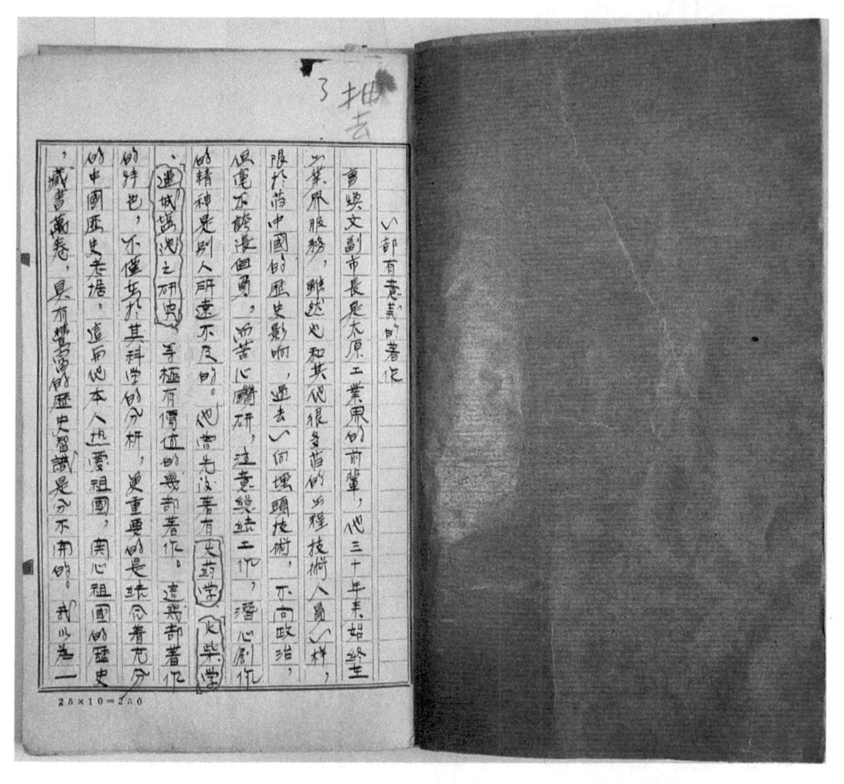

一部有意義的著作

曹煥文副市長是太原工業界的前輩，他三十年來始終在工業界服務，雖然他和其他很多舊的工程技術人員一樣，限於舊中國的歷史影響，過去一向埋頭技術，不問政治，但毫不誇張地說，而苦心鑽研，注意總結工作，潛心創作的精神是別人所遠不及的。他曾先後著有火藥學、火柴學、建城堤池之研究等極有價值的幾部著作。這幾部著作的特色，不僅在於其科學的分析，更重要的是結合着充分的中國歷史考據。這與他本人熱愛祖國，關心祖國的歷史，藏書萬卷，具有豐富的歷史智識是分不開的。我以為一

25×10=250

图 1.8　王大任为《太原工业史料》所作前言之原稿

# 第二章

# 旧火药史学及其困境

本章试图通过对火药史考证相关文献与研究的梳理和分析，以火药史研究的专业性、系统性以及结论的突破和影响等为标准，界定火药史学的概念，即运用比较史学研究的方法，厘清近代旧火药史研究的脉络、异同及特点，总结并提出火药史学中最核心和最关键的问题。

## 一、明代以始

关于中国火药火器的考据与整理，应始于明代丘濬（1421—1495）的《大学衍义补》（1487）以及方以智（1611—1671）的《物理小识》（1664）。此二者间虽时隔百余年，但对于火药历史考证的结论与方法等具有重要发端性意义；同时，二者之间亦有传承与互补，因而将其研究置于一处而进行比较。

《大学衍义补》卷一百二十二《器械之利下》在考证兵械时试图对火药武器的发展进行梳理，其涉及火药史事的文段有：

> “宋太祖开宝二年，冯继昇、岳义方上火箭法，试之，赐束帛。……（真宗咸平）五年，石普言能发火毬火箭。
>
> 臣按：古所谓火攻者，因风纵火也，而无有今世所谓火药者。宋太祖时始有火箭，真宗时始有火毬之名，然或假木箭以发，未知是今之火药否也。今之火药用硝石、硫黄、柳炭为之。硝之名见于《本草》，汉张仲景方论中已用为剂，则是汉时已有矣。然陶隐居、日华子及宋《图经衍义》等未尝言其可为兵用也。硫黄自舶上来，唐以前海岛诸夷未通中国，则唐以

前无此也。自古中国所谓礮者[①]，机石也，用机运石而飞之致远尔。近世以火药实铜铁器中，亦谓之礮，又谓之铳。'铳'字韵书无之，盖俗字也……近有神机火枪者，用铁为矢镞，以火发之，可至百步之外，捷妙如神，声闻而矢即至矣。……历考史册，皆所不载，不知此药始于何时、昉于何人。意者在隋唐以后，始自西域，与俗所谓烟火者同至中国欤？

天祚国家，锡以自古所无之兵器，五兵而加以一，五行而用其三，可以代矢石之施，可以作鼓角之号，可以通斥候之信，一物而三用具焉。呜呼，神矣哉！自有此器以来，中国所以得志于四夷者往往藉此……

元西域人亦思马因，善造砲，世祖时与阿老瓦丁同至京师，从攻襄阳未下，亦思马因相地势置礮于城东南隅，重一百五十斤，机发声震天地，所击无不摧陷，入地七尺，宋吕文焕遂以城降。元人渡江，宋兵陈于南岸，拥舟师迎战，元人于北岸陈礮以击之，舟悉沉没，后每战用之，皆有功。

臣按：元人始造此礮以攻破襄阳，世因目曰襄阳礮。考唐史，李光弼作駮[②]飞巨石，一发辄毙二十余人，疑即此礮。盖古原有此制，流入西番，亦思马因仿而为之也。自有此駮，用以攻城城无不破，用以击舟舟无不沉……"[③]

《物理小识》卷八有"火爆"一节，其中对火药历史之考证虽仅寥寥两三百字，但对于后世火药史研究却影响深远：

"火药自外夷来。宋开宝二年，岳义方上火箭，张和仲记虞允文采石舟中发霹雳礮，乃纸为之，实以石灰、硫黄，坠水而火自跳出。永乐立神机营，西坞以尺测量，精矣。唐有火树银花，想已用之耶。硝入杉灰则直发，硫则横爆，加黄矾则研烈，箬瓢灰则消声，礞西匡石粉则发时不先光，试之，堆相间

① 本书对"礮""砲"和"炮"字的使用原则为：引用文献时，采用文献原文原字；在非引用的论述中，石砲用"砲"字，火炮用"炮"字。

② 赵铁寒．火药的发明［M］．台北：正中书局，1978：37．该书认为"駮"是"礮"字的前身。

③（明）丘濬．大学衍义补［M］．明正德元年（1506）刊本．

丈，而点一及诸堆者，万杵者也。掌上然之，毫无所伤，以其疾也。入铁蛾樟脑则成花，今名烟火御铳者，湿絮鱼网土囊，柔能制刚也。……”①

对比总结如上所引丘濬与方以智对火药史的考据及思路，可以看到火药史研究孕育期的主要结论和特点，在下文中详述。

## （一）“西源说”初现

火药的“西源说”在方以智的著作中仅有“火药自外夷来”的简短结论，而其思路则应来自丘濬的学说。《大学衍义补》从三个方面展开论证。

（1）黑色火药的配方为“硝石、硫黄、柳炭”，中国古代火攻术“因风纵火”的施火原理与之显然不同；“硝石”仅见用于医药，虽早在汉代的药典中即已常见，却未发现其用于火药火器的军事的记载。

（2）硫黄不是中国的本土物产，在唐代之后才由海外引进。

（3）中国自古所用“砲”都是抛石机器，而非火药驱动发射的器械。

因此丘濬认为，由于中国古代既缺少火药发明及运用的基本原料和条件，也缺乏对应的文献记录，说明其后所拥有的火药，皆来自于国外的引入。这条结论不仅直接导致其后《物理小识》一致的观点，甚至逐步形成了来自中国本土研究对火药“中国发明说”的“否定论”基础；英国汉学家梅辉立将火药在中国被“引进”作为基本结论，显然相当大程度地受到了来自《物理小识》的影响（详见本章第三节）。

## （二）火器史与火药史“捆绑式”研究

由丘濬对火药史的考证过程不难看出，因对由硝石、硫黄、柳炭混合而成的火药的历史探查，“历考史册，皆所不载，不知此药始于何时、昉于何人”，所以认为火药可能是在“隋唐以后”由“西域”传来；重要的是，“烟火”也被认为同时由国外引进而来。也就是说，在中国古史中为火药探源，由“烟火”史而考察的途径似乎已没有意义。所以丘濬

① （明）方以智．物理小识［M］．上海：商务印书馆，1936：208．

的火药史研究逻辑就变为：火器是火药的主要载体，从而有关火器的文献记载，是考察火药的关键。这种考据方式，事实上为火药史和火器史的“捆绑式”研究，奠定了最早的方法论基础。

### （三）由火药组分入手的研究法

丘濬考《神农本草经》内最早出现了火药燃爆所必需之“硝”，而东汉医家张仲景已用硝入药；方以智言硫黄源自海外，这是从火药组分入手进行火药起源研究的方法的雏形。但由于挖掘相关史料的欠缺，限制了这种研究路径的进一步发展和深入。现代火药史研究者（曹焕文、王铃、冯家昇、李约瑟等）“重拾”并“发扬”了这一研究方法，并深化开拓出了意义重大的研究路径及成果，后文详述。

### （四）几条重要支撑史料考略

（1）丘濬、方以智著作内“冯继昇、岳义方献火箭法”是最早的“火箭史”研究[①]。

（2）方以智著作中出现“虞允文采石之战”用“霹雳砲”的相关记述，实引自明代张燧（字和仲，生卒年不详）[②]的著作《千百年眼》，其卷十一“采石之战有先备”一节记（图 2.1）：

> “按亮既至江北，掠民船，指麾欲济。允文伏舟于七宝山后，令曰，旗举则出。伺其半渡，卓旗于山，人在舟中踏车以行船，但见船行而不见人，虏以为纸船也。舟中忽发一霹雳砲，盖以纸为之，而实以石灰、硫黄，砲自空而下坠水中，硫黄得水而火自水跳出，其声如雷，纸裂而石灰散为烟雾，眯其人马之目，咫尺不相见，遂压虏舟，人马皆溺。此亦致胜之由也。”[③]

---

① 潘吉星．中国火箭技术史稿——古代火箭技术的起源和发展［M］．北京：科学出版社，1987.

② 潘吉星．世界上最早使用的火箭武器——谈一一六一年采石战役中的霹雳炮［J］．文史哲，1984（6）：30．潘吉星误将《物理小识》卷八所记“张和仲”视作“张仲和”，因而“不知（其）何许人也”。

③ （明）张燧．千百年眼（十二卷）［M］．明万历甲寅年（1614）刻本．

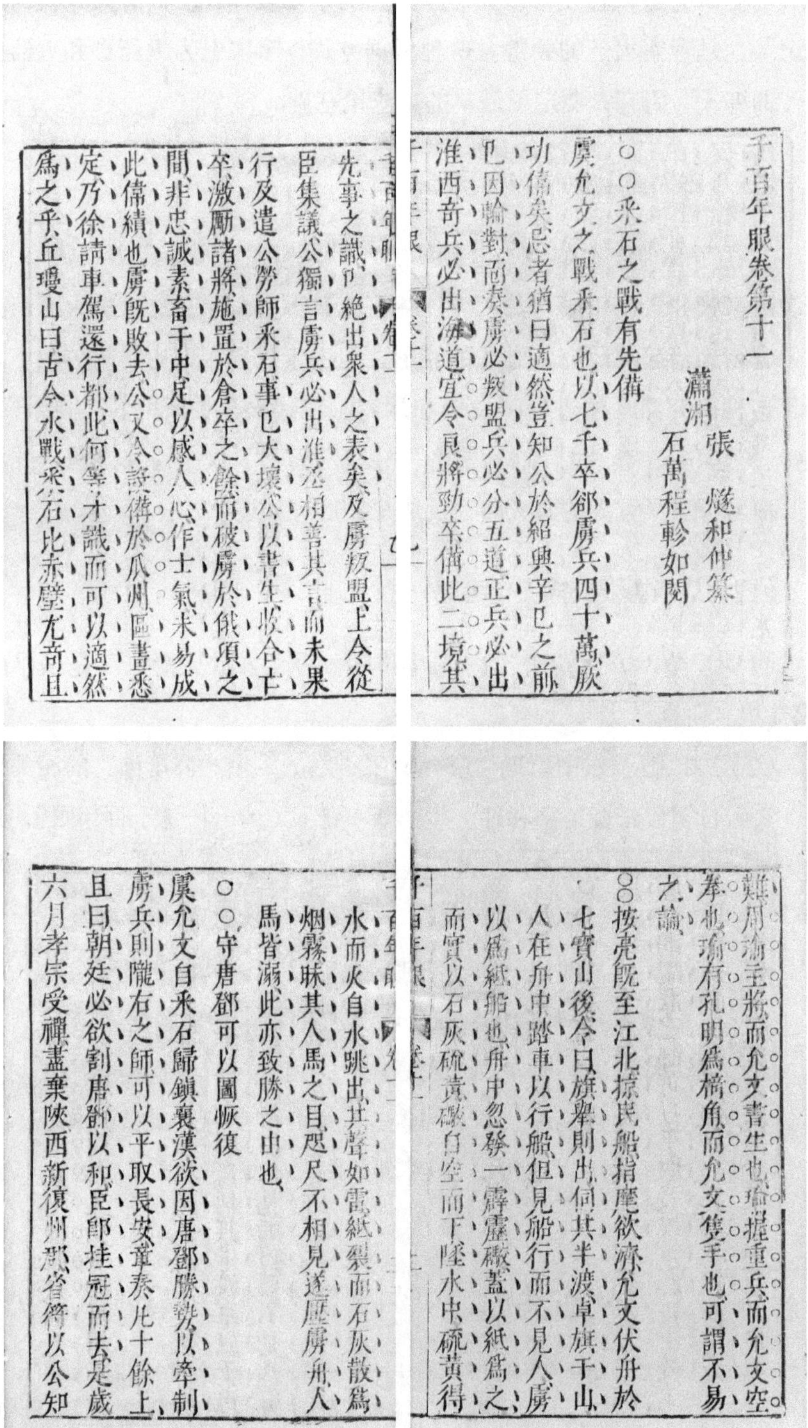

千百年眼卷第十一
瀟湘 張 燧和仲纂
石萬程軫如閱
○○采石之戰有先備
虞允文之戰采石也以七千卒卻虜兵四十萬厥
功偉矣忌者猶曰適然豈知公於紹興辛巳之前
已因輪對而奏虜必叛盟兵必分五道正兵必出
淮西奇兵必出海道宜令良將勁卒備此二境其
先事之識已絶出衆人之表矣及虜叛盟上令從
臣集議公獨言虜兵必出淮泗相善其言而未果
行及遣公勞師采石事已大壞公以書生收合亡
卒激厲諸將施置於倉卒之餘而破虜於俄頃之
間非忠誠素畜于中足以感人心作士氣未易成
此偉績也虜既敗去公又令諸備於瓜州區畫悉
定乃徐請車駕還行都此何等才識而可以適然
為之乎丘瓊山曰古今水戰采石比赤壁尤奇且
難周瑜主將而允文書生也瑜握重兵而允文空
拳也瑜有孔明為犄角而允文隻手也可謂不易
之論
○○按亮既至江北掠民船指麾欲濟允文伏舟於
七寶山後令曰旗舉則出伺其半渡卓旗于山
人在舟中踏車以行船但見船行而不見人虜
以為紙船也舟中忽發一霹靂礮蓋以紙為之
而實以石灰硫黃礮自空而下墜水中硫黃得
水而火自水跳出其聲如雷紙裂而石灰散為
烟霧眯其人馬之目咫尺不相見遂壓虜舟人
馬皆溺此亦致勝之由也
○○守唐鄧可以圖恢復
虞允文自采石歸鎮襄漢欲因唐鄧勝勢以牽制
虜兵則隴右之師可以平取長安章奏凡十餘上
且曰朝廷必欲割唐鄧以和臣即挂冠而去是歲
六月孝宗受禪盡棄陝西新復州郡省符以公知

图 2.1 《千百年眼》对采石之战“霹雳砲”记述原文书影

这成为其后火药史研究最重要的一条参考史料。

（3）方以智提出唐代“火树银花”的记载，代表火药烟花在唐已盛行，也暗含了一种意味，即这是中国典籍中对火药应用最早的记载，而火药的引入，也应在唐之后。这点与丘濬所谓“硫黄自唐以后由西域传来”的结论颇为契合。

（4）元代用以攻取襄阳城的“襄阳砲”，与唐代李光弼所制石砲相似，在时代上有承袭关系，可能唐代砲的技术由中国传往西域，经过改造后，又由“亦思马因”（也称“伊斯玛音”）传回。由丘濬著作看不出他对襄阳砲是火炮的描述，因此其应将襄阳砲与李光弼砲同当石砲来认识。

## 二、清代以继

### （一）《格致镜原》

清代的火药史研究，以陈元龙（1652—1736）完成于1735年的类书《格致镜原》[①]卷四十二下“砲”一节为经典。该节归入“武备类”，另“附铳、火药器”。其所考察史料如下。

（1）明代《物原》内“轩辕作砲，吕望作铳，魏马钧制爆杖，隋炀帝益以火药杂戏”。

（2）《稗编》引《汉书》“甘延寿投石拔距”以及《范蠡兵法》发石机的记述，并据此推断：“今边城有礮，盖出于《范蠡》蜚（飞）石之制，因事增广，遂为今法，盖其始也。”

（3）《事物原始》[②]断定三国时期“陈仓之战”中郝昭破诸葛亮战车，“以绳连石磨四角击其冲车，即礮石之制也”。

（4）《唐书》内有李密造“将军礮”的记载[③]。

① （清）陈元龙．格致镜原［M］．清雍正十三年序刊本．

② 参见（明）徐炬辑所著《新镌古今事物原始全书》卷十七《武备》内“礮石”一节。

③ （宋）欧阳修．新唐书［M］．中华书局，1975：3680．该书指出：“（李密）命护军将军田茂广造云旝三百具，以机发石，为攻城械，号‘将军礮’。”

（5）《杨诚斋》[①] 内《海蝤船赋序》载有“虞允文‘采石之战’用‘霹雳砲’”之事。

（6）《稗编》有对金代“震天雷”的见闻记述。

（7）《事物绀珠》[②] 内则有“单梢砲”“旋风砲”“虎蹲砲”“水底连天砲”等“砲”和“弗朗机铳”的构造说明，以及“鸡脚铳”“铜十眼铳”“四眼铳”“三眼铳”“九眼铳”“九子铳”“夹把铳”“大把铳”“千里铳”等“铳”的名目记载。

（8）《制府杂录》[③] 记：“（中国制御夷狄，惟火器最长。）今所造枪砲，不能致远，兼不善用，不能多中。近年敌（虏）人不甚畏之。惟大将军、二将军、三将军诸铳，力大而猛。”

（9）《七修类稿》[④] 记“鸟嘴木铳嘉靖间日本犯浙，倭奴被擒，得其器，遂使传造焉”。

（10）关于“火药器”的史料，则由《群书考索》考“唐福献火箭、火毬、火枪等”事[⑤]，由《事物绀珠》考“蒺藜火球”“霹雳火球”“铁嘴火鹞”“竹火鹞”的构造[⑥]。

对比于前文所述明代火药史的研究，《格致镜原》有如下若干特点。

1. 火药起源的认识变化

由中国上古传说至近代史籍的整理与考证，陈元龙明显地传达出其对火药发源地的研究主张：对“火药西源说”的怀疑，同时又因宋代“霹雳砲”之前的“砲”都证实为发石机（或抛石机），既不能提供更早期的火药火器史料，因而无法从史料层面对明代研究进行否定论证，也不可能进一步地提出“火药中源”的结论。但无论如何，清代的火药史研究从《格致镜原》开始，已经对明代的“西源说”进行了怀疑及否定。

---

① 此处指宋代杨万里《诚斋集》。

② （明）黄一正. 事物绀珠（卷十八）[M]. 万历吴勉学刻本.

③ （明）杨一清. 制府杂录 [M] // 王云五. 丛书集成除编. 北京：商务印书馆，1939.

④ （明）郎瑛. 七修类稿（卷四十五）[M]. 清光绪六年（1880）广州翰墨园刻本.

⑤ （宋）章如愚. 群书考索后集（卷四十三）[M]. 明正德十三年（1518）刘洪慎独斋刻本. 其中《兵器》一节提道：“咸平三年，神卫水军队长唐福献新制火箭、火毬、火枪等物。”

⑥ （明）黄一正. 事物绀珠（卷十八）[M]. 万历吴勉学刻本.

2. 火药史研究方法的继承

从“轩辕砲”“吕望铳”“范蠡飞石”“将军砲”“霹雳砲”“震天雷”“火箭”“火毬”“鸟嘴铳”“将军铳”“单梢砲”“虎蹲砲”“旋风砲”诸研究对象类型上看，除了“炀帝火药杂戏”，全部属于战备武器。可见,《格致镜原》的火药史研究方法，与明代一脉相承地将“火器”作为“火药”研究的主要突破口，也就是说，在方法论层面上，清代研究是对明代研究的继承，并为其后近现代研究做出了示范。

3. 史料引征考略

（1）明代对器具进行文化源流研究的经典著作《物原》为罗颀（生卒年不详）所辑，内分“天原”“礼原”“名原”“乐原”“政原”“官原”“资原”“刑原”“文原”“食原”“衣原”“家原”“地原”“兵原”“技原”“葬原”“器原”17章。这部著作在其后的诸多相关研究中被广泛引用和参考。有关“砲”及“火药”的记录在“兵原第十四”① 内，虽然涉及了“砲”“铳”“爆杖”和“火药杂戏”四项火药相关器具，但仅仅列举了发明者分别为“轩辕氏”“吕望”“马钧”和“隋炀帝”的简单结论，而未进行对应的史料考证，这也是陈元龙认为明代著作在考据方面所具之弊病，即“明人类书，多不载原书之名，攘古以自益。称余者不知何人，称上者不知何君，称本朝者不知何年代。最为闷涩，且安知非杜撰乎？”② 因此，这段史料尽管因被《格致镜原》所引而在很长时间内成为火药史研究的重要参考，但终究被后来的研究者所否定，甚至由于怀疑其“杜撰”而遭到了完全的抛弃。需要特别注意的是,《物原》中提到的民用火药——“火药杂戏”，启示并发端了后来由烟火而展开的火药史研究。

（2）有关虞允文“霹雳砲”的考证,《格致镜原》应该参考了《物理小识》的结论，并在方以智对张燧的第三方引述的基础上，突破性地实现了有关其出处的考证。在火药史学史上首次确定了“采石之战”中所用“霹雳砲”的史籍来源，即宋代诗人杨万里（1127—1206）《诚斋集》卷四十四《海蝤赋·后序》（图 2.2），查原文如下：

① 罗颀．物原［M］．上海：商务印书馆，1937：29-30.

② （清）陈元龙．格致镜原［M］．清雍正十三序刊本：凡例.

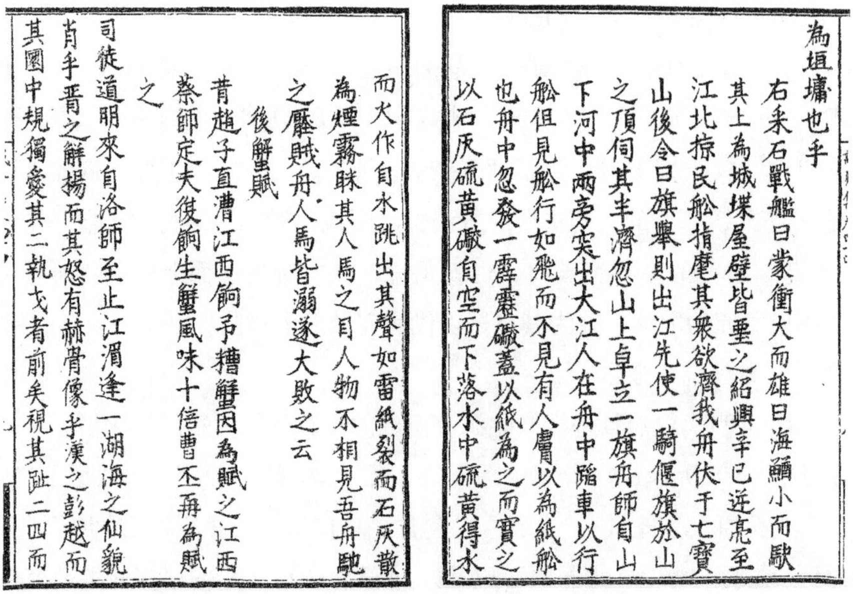

爲垣墉也乎
右釆石戰艦曰蒙衝大而雄曰海鰍小而駃
其上爲城堞屋壁皆堊之紹興辛巳逆亮至
江北掠民船指麾其衆欲濟我舟伏于七寶
山後令曰旗舉則出江先使一騎偃旗於山
之頂伺其半濟忽山上卓立一旗舟師自山
下河中兩旁突出大江人在舟中踏車以行
船但見船行如飛而不見有人虜以爲紙船
也舟中忽發一霹靂礮蓋以紙爲之而實之
以石灰硫黃礮自空而下落水中硫黃得水
而火作自水跳出其聲如雷紙裂而石灰散
爲煙霧眯其人馬之目人物不相見吾舟馳
之壓賊舟人馬皆溺遂大敗之云
後蟹賦
昔趙子直漕江西餉予糟蟹因爲賦之江西
棊師定夫從餉生蟹風味十倍曹丕再爲賦
之
司徒道明來自洛師至止江湄逢一湖海之仙貌
肖乎晋之辭揚而其怒有赫骨像乎漢之彭越而
其圖中規獨夔其二執戈者前矣視其趾二四而

图 2.2 《诚斋集》对“霹雳礮”的记述

“绍兴辛巳，逆亮至江北，掠民船指麾其众欲济，我舟伏于七宝山后，令曰旗举则出江，先使一骑偃旗于山之顶，伺其半济，忽山上卓立一旗，舟师自山下河中两旁突出大江，人在舟中，踏车以行船，但见舟行如飞而不见有人，敌以为纸船也，舟中忽发一霹雳礮，盖以纸为之，而实之以石灰、硫黄，礮自空而下，落水中，硫黄得水而火作，自水跳出，其声如雷，纸裂而石灰散为烟雾，眯其人马之目，人物不相见，吾舟驰之，压敌舟，人马皆溺，遂大败之云。”①

（3）关于《格致镜原》的引书问题。陈元龙对“《汉书》甘延寿投石拔距”及“张晏注《范蠡兵法》飞石”进行了引述，并推断当时所见“礮”乃源自这样的石砲，这段史述被归入“《稗编》”下。然而，在近代史籍中，“《稗编》”一般视为明代唐顺之（1507—1560）所编《荆川稗编》（一百二十卷），但笔者在其中未能找到上述史料。详查发现，这段相关记载以及被收入《事物原始》的“郝昭破诸葛亮战车”与“将

① （宋）杨万里．诚斋集（卷一百三十三）［M］.《四部丛刊初编》景江阴缪氏艺风堂藏景宋钞本．

军礮”等事，应源自宋代著名类书《事物纪原》卷九《战阵攻守部》下“礮石”一项（图 2.3），查原文如下 [①]：

“《汉书》：甘延寿投石绝等伦。张晏曰：‘《范蠡兵法》飞石重十二斤，为机法行三百步 [②]。延寿有力，能以手投之。’今边城有礮，盖出于《范蠡》飞石之制，因事增广，遂为今法，此盖其始也。《事始》[③] 曰：诸葛亮围郝昭于陈仓，亮起冲车，

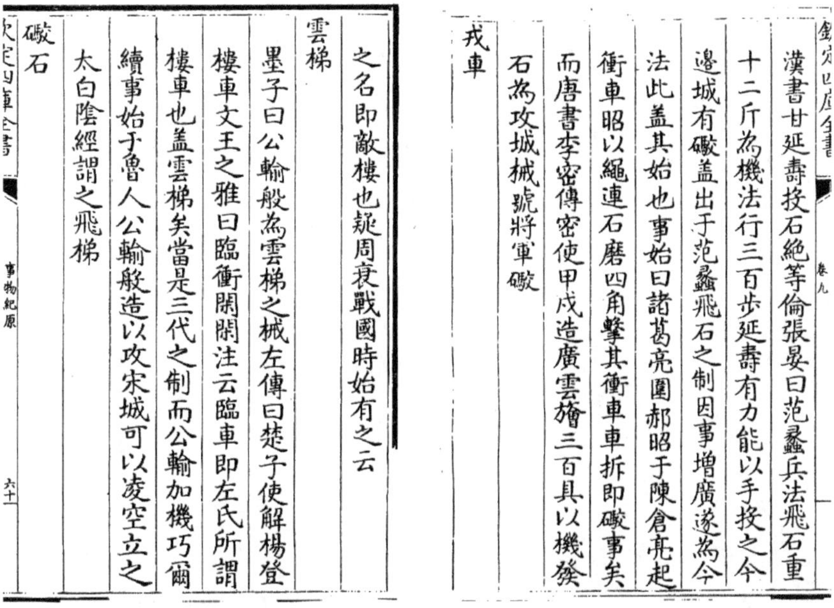

欽定四庫全書 卷九

漢書甘延壽投石絶等倫張晏曰范蠡兵法飛石重
十二斤為機法行三百步延壽有力能以手投之今
邊城有礮蓋出于范蠡飛石之制因事增廣遂為今
法此蓋其始也事始曰諸葛亮圍郝昭于陳倉亮起
衝車昭以繩連石磨四角擊其衝車車折即礮事矣
而唐書李密傳密使甲戍造廣雲旝三百具以機發
石為攻城械號將軍礮

戎車

之名即敵樓也疑周衰戰國時始有之云

雲梯

墨子曰公輸般為雲梯之械左傳曰楚子使解楊登
樓車文王之雅曰臨衝閑閑注云臨車即左氏所謂
樓車也蓋雲梯矣當是三代之制而公輸加機巧爾
續事始于魯人公輸般造以攻宋城可以凌空立之
太白陰經謂之飛梯

礮石

欽定四庫全書 事物紀原 六十一

图2.3 《事物纪原》卷九《礮石》（摘自《钦定四库全书》子部）

---

① （宋）高承. 事物纪原［M］.（明）李果，订. 北京：中华书局，1989：511.

② （汉）班固撰《前汉书》卷七十《甘延寿传》（明崇祯十五年“汲古阁十七史”毛晋本）记载：“甘延寿字君况，北地郁郅人也。少以良家子善骑射为羽林，投石拔距绝于等伦”，并有注：“应劭曰：投石，以石投人也。拔距，即下超踰羽林亭楼是也；张晏曰：《范蠡兵法》飞石重十二斤，为机发，行二百步。延寿有力，能以手投之。拔距，超距也；师古曰：投石，应说是也。拔距者，有人连坐相把据地，距以为坚而能拔取之，皆言其有手掣之力。超踰亭。楼，又言其趫捷耳，非拔距也。今人犹有拔爪之戏，盖拔距之遗法。”《格致镜原》在使用此段记述时，将“飞石重十二斤，为机发，行二百步”抄作“为机法，行三百步”，说明其引文并非直引自《汉书》，而是抄自《事物纪原》。

③ 在唐代刘存撰写的、五代时期冯鉴续写的《刘冯事始》（收入明代陶宗仪编《说郛》卷十，涵芬楼刊本，第四十三页）中提道：“《魏书》（《三国志·魏书三·明帝纪第三》裴松之注）云：‘蜀诸葛亮围陈仓时，将军郝昭筑陈仓城，亮进攻起云梯冲车，昭以火箭逆射，梯然（燃），昭又以绳连石磨，压其冲车，冲车折。’”

昭以绳连石磨四角，击其冲车，车折，即礮事矣。而《唐书·李密传》：密使天茂广造云旝三百具，以机发石，为攻城械，号‘将军礮’。”

同时，陈元龙所引铁火炮“震天雷”来自所谓“《稗编》”的史料，也暂未能在《荆川稗编》内寻得。这段记载经查实见于明代文学家何孟春（1474—1536）所著《余冬序录》卷五（图 2.4）：

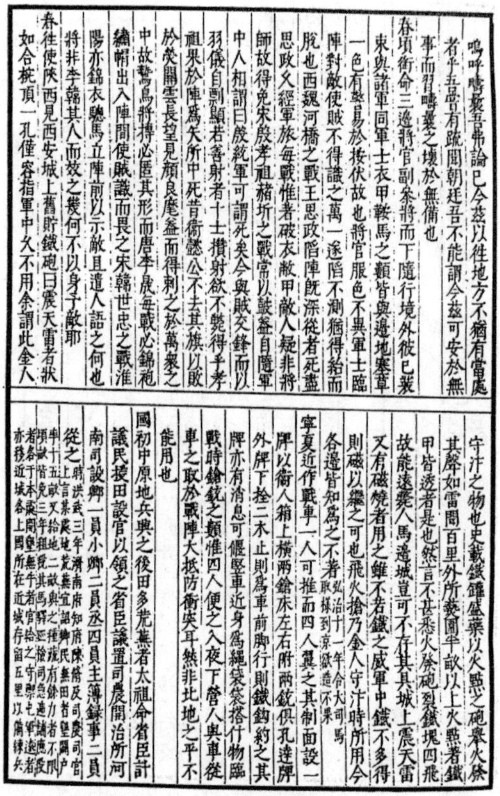
嗚呼嚋囊吾弗論已今茲以往地方不猶有當處者乎吾邑有疏聞朝廷吾不能謂今茲可安於無事而習嚋囊之壞於無備也
春頃銜命三邊將官副參將而下隨行境外彼已裝束與諸軍同軍士衣甲鞍馬之類皆與邊地塞草一色有埶易於掩伏故也將官服色不異軍士臨陣對敵使賊不得識之萬一遂陷不測猶得紿而脫也西魏河橋之戰王思政陷陣既深從者死盡思政久經軍旅每戰惟著破衣敝甲敵人疑非將師故得免宋殷孝祖赭圻之戰常以鼓蓋自隨軍中人相謂曰殷統軍可謂死矣今與賊交鋒而以羽儀自副顯若善射者十士攢射欲不斃得乎孝祖果於陣爲矢所中死昔衛懿公不去其旗以敗於熒關雲長望見顏良麾蓋而得刺之於萬衆之中故鷙鳥將搏必匿其形而唐李晟每戰必錦袍繡帽出入陣間使賊識而畏之宋韓世忠之戰淮陽亦錦衣驄馬立陣前以示敵且遣人語之何也將非李韓其人而效之幾何不以身予敵耶
春往使陝西見西安城上舊貯鐵砲曰震天雷者狀如合椀頂一孔僅容指軍中久不用余謂此金人守汴之物也史載鐵罐盛藥以火點之砲舉火發其聲如雷聞百里外所爇圍半畝以上火點著鐵甲皆透者是也然言不甚悉火發砲裂鐵塊四飛故能遠斃人馬邊城豈可不存其具城上震天雷又有磁燒者用之雖不若鐵之威軍中鐵不多得則磁以繼之可也飛火搶乃金人守汴時所用今各邊皆知爲之不著弘治十一年令大司馬取樣到京欲造不果
寧夏近作戰車一人可推而四人翼之其制面設一牌以衛人箱上橫兩鎗床左右附兩銃俱孔達牌外牌下拴二木止則爲車前脚行則鐵鉤約之其牌亦有消息可偃竪車近身爲繩袋袋搭什物臨戰時鎗銃之類惟四人便之入夜下營人與車從車之取於戰陣大抵防衛奕耳然非北地之平不能用也
國初中原地兵興之後田多荒蕪者太祖命省臣計議民授田設官以領之省臣議置司農開治所河南司設卿一員小卿二員丞四員主簿錄事二員從之時洪武三年濟南府知府陳脩及司農司官上言某處地荒蕪宜詔鄉民無田者墾闢户率十五畝又給地二畝與之種蔬有餘力者不限頃畝皆免三年租稅其馬驛巡檢司急遞舖應役者各於本處開墾無牛者官給之守禦屯軍邊者亦務近城各上圖所在近城存留五里以備練兵

图 2.4　何孟春对“震天雷”的亲见记述

“春往使陕西，见西安城上，旧贮铁砲曰‘震天雷’者，状如合碗，顶一孔，仅容指，军中久不用。余谓此金人守汴之物也。史载，铁罐盛药，以火点之，砲举火发，其声如雷，闻百里外，所爇围半亩以上，火点著铁甲皆透者是也。然言不甚悉。火发砲裂，铁块四飞，故能远毙人马，边城岂可不存其具城上。震天雷，又有磁烧者，用之虽不若铁之威，军中铁不多得，则磁以继之可也。飞火枪，乃金人守汴时所用，今各边皆知为之。”①

① （明）何孟春. 余冬序录摘抄内外篇［M］. 北京：中华书局，1985：61.

因此，笔者推断《格致镜原》所谓“《稗编》”，可能并非专指《荆川稗编》或名为《稗编》的一部专书；另外，参考陈元龙在《格致镜原·凡例》中对著作引书的说明：“是书所引，以经史为主，但纪物既博，求类复详，或古无而今有，或雅弃而俗收，此稗编丛书不得不旁及，俗说野乘不得不间采也”，亦可见其所谓“《稗编》”应可理解为对稗史著作的类指。此外，该处关于火器“震天雷”的考证，也应数陈元龙的引用与研究为火药史研究之极早者。

### （二）《陔余丛考》

陈元龙著《格致镜原》55年后，清代学者赵翼（1727—1814）于1790年编成《陔余丛考》43卷[①]，其中卷三十专作“火砲火枪”一节，由此节标题即可见赵翼的考察目的，是为古代火药枪炮发展做史学勾勒。需要注意的是，《格致镜原》在史料整理上已然将“石砲”与“火砲”区别开来，但并未有专门说明或解释；而《陔余丛考》在火药是否介入的武器区别上，做出了界定分明的史料引用与论述。

1. *有关“石砲”的记载*

《陔余丛考》引用石砲记载史料共9项：

（1）“《范蠡兵法》飞石为机法行三百步。”

（2）《三国志》[②]记曹操以“霹雳车发石”破袁绍。

（3）《南史·黄法𣰋传》[③]记用“砲”攻城。

（4）《资治通鉴》[④]记周世宗以“砲”攻寿春。

（5）《唐书·李光弼传》[⑤]记李光弼“作大砲”守太原。

（6）《宋史·张雍传》[⑥]记张雍“发机石”守梓州。

① （清）赵翼．陔余丛考［M］．乾隆五十五年（1790）湛贻堂刊本．

② （刘宋）范晔．后汉书（卷一百四）［M］．上海：汉语大词典出版社，2004．

③ （唐）李延寿．南史（卷六十六）［M］．上海：中华书局，1974．

④ （宋）司马光．资治通鉴（卷二百九十三）［M］．北京：中华书局，2014．

⑤ （宋）欧阳修．新唐书（卷一百三十六）［M］．上海：汉语大词典出版社，2004．

⑥ （元）脱脱．宋史（卷三百七）［M］．上海：汉语大词典出版社，2004．

（7）《独醒志》[①] 记金军发“砲石”攻城。

（8）《金史·强伸传》[②] 记强伸“创遏砲”“能发大石”“金龙德宫造砲石”。

（9）《金史·毛牷传》[③] 记“阿驴、樊乔仕金为司砲”。

如上所记之“砲”，赵翼认定其为石砲而非火炮，并提出：“是历代砲法犹多用机发石也，然火砲实起于南宋、金、元之间”，并由此开始了其关于火炮起始年代的考征。

2.“火砲”的出现与记载

“宋史”记虞允文在“采石之战”中用“霹雳砲”御金兵，同时又有魏胜“创砲车，施火石可二百步，其火药用硝石、硫黄、柳炭为之”[④]。由于虞允文的霹雳砲以石灰遇水起火，魏胜“砲车”可发火石，因此断定：“此近代用火具之始。”

《续通鉴》记蒙古攻金汴京时用铁炮“震天雷”和“飞火枪”[⑤]。《金史》及《续通考》记金哀宗时将领蒲察官奴以火枪抵御元军，其中火枪之构成为：“以纸十六重为筒，实以柳炭、铁屑、磁末、硫黄、砒霜”等[⑥]；《元史》[⑦] 记元将阿里海牙攻樊城时，元世祖得到来自西域人阿老瓦丁与亦思马因所献的“新礮法”。在其后的襄阳攻城战中，“一砲中谯楼，声如震雷”，也被称作“襄阳砲”。因该炮在攻城拔寨中巨大的杀伤力，赵翼认为这是古代火炮制式开始改造精良的代表（“盖火砲之制，至是而益精”），然而即便像宋代《武经总要》所记录的“虎蹲、旋风之

① （宋）曾敏行．独醒杂志［M］．上海：上海古籍出版社，1986：73．该书指出：“京师戒严，金人发礮攻城甚力。有献策欲结索网以障之。其人归自太原围城中，具见张孝纯、王禀等设此而礮无所施。”

② （元）脱脱．金史（卷一百十一）［M］．上海：汉语大词典出版社，2004.

③ （元）脱脱．金史（卷一百二十四）［M］．上海：汉语大词典出版社，2004．文中指出：“阿驴、樊乔，皆河中人，初为砲军万户。凤翔破，北降，从军攻汴，司砲如故，即给主者曰：‘砲利于短，不利于长。’信之，使截其木数尺、绠十余握，由是机虽起伏，所击无力。”

④ 赵翼此处所谓“宋史”应非特指由元末官修之《宋史》，而是“宋代史书”之意。

⑤ （清）毕沅．续资治通鉴（卷一百六十六）［M］．上海：中华书局，1957.

⑥ （元）脱脱．金史（卷一百十六）［M］．上海：汉语大词典出版社，2004.（明）王圻．续文献通考（卷一百六十六）［M］．明万历三十年（1602）松江府刻本．

⑦ （元）脱脱．金史（卷一百二十八）［M］．上海：汉语大词典出版社，2004.

砲，蒺藜、霹雳之球”，也不可与后世的大火炮相比。他列举了明代初年多种武备火器，并举例描述了火铳（包括著名的“交趾铳”）在几次战役中的威力。其中鸟枪较之弗朗机、子母砲都更“猛利”，“火技至此而极”。

由《陔余丛考》如上两条线索的考证可知，关于火药“砲”起源的结论，赵翼认为应始于南宋虞允文所用“霹雳砲”。

### （三）《浪迹丛谈》

1848年，晚清作家梁章钜（1775—1849）所撰《浪迹丛谈》（43卷）内，也出现了有关火药火器起源研究的章节——卷五《砲考》，其中所引相关史料或考证结论如下。

首先由“砲”字溯源。西晋潘安仁《闲居赋》中有“礮石雷骇”之说，应是“礮”（即砲）字最早出现的记载；李善注：“礮石，今之抛石也。”[①]《说文解字》中没有“礮”字，而在“旝”字之下有注文：“建大木置石其上，发以机，以槌敌。”

《唐书·李密传》有“以机发石攻城”的“将军砲”，但火炮最早见于宋代杨万里《海蝤船赋》的序内有关宋将虞允文所发“霹雳礮”，但梁章钜认为这种纸制炮仅是利用石灰迷人眼的方法，没有依赖炮弹射击力。最早的铁火炮是金代的“震天雷”，而最初用于攻城的火炮则是元军的“襄阳砲”。

纵观清代三部著作对火药史的考证，在史料与结论上，《格致镜原》《陔余丛考》和《浪迹丛谈》将古代兵械中石砲与火炮的关键过渡，都视为由杨万里记载的公元1161年宋金“采石之战”中出现的“霹雳砲”。尽管这种炮并非近代射击火器的形制，甚至从史籍简短的记述中也难以清晰辨识其发火及爆炸的原理与方法[②]，但关于携带着火药的热兵器（火炮）与抛石机的冷兵器（石砲）之间的分野，终于出现了“意见统

---

① 赵铁寒．火药的发明［M］．台北：正中书局，1978：39.

② 关于“霹雳砲”的性质专门且突破性的最新研究，在潘吉星于1984年发表的论文——“世界上最早使用的火箭武器——谈一一六一年采石战役中的霹雳炮”中（载于潘吉星．文史哲［J］．1984（6）：29-33.）。作者在文中提出霹雳炮是一种火箭武器的研究结论。

一”的结论。可以由此来讲，是清代的三部著作在火药史学史上最早明确地提出了火药应用于兵器的初始时间；在研究方法上，清代与明代研究一致地将重心放置于由火器相关史料的考证而“间接地”得出火药起源的结论，这是火药史研究初期的基本方法特征；在研究形式上，明清研究都以著作中部分“章节”的形式出现，即都未形成专门针对火药起源及发展的论著。

然而，兵器史研究在明清两代似乎都带有明显的经世致用的意图。《大学衍义补》和《物理小识》诞生于中国社会由古代到近代的转型时期[①]，前书的作者丘濬是明代最负盛名的儒家经世致用精神的信仰者及践行者，著作的撰写耗费其毕生心思，也囊括其全部理想与抱负，创作实为“酌古准今，因时制宜，以应天下之变，以成天下之务”[②]。火器史的部分在其中归入军备“器械”一类，足可见其实用目的性。方以智编撰《物理小识》历经明末至清初近30年，他自小受祖辈和父辈“精于易理，崇尚实学”的家学影响[③]，同时也受到了“西学东渐”带来的自然科学的洗礼。这部科学著作中包含有关于火药火器的篇幅相对短小，对火药的溯源也融于对火药兵器的考察中，此处可以小见大地从方法论层面，窥得该著作在自然科学论述的大框架下对儒学经世理念的运用。清代三部著作对火药火器所作之考察，延续了明代方法的同时，又各具特点:《格致镜原》的作者陈元龙受到浙东学派注重实物研究的学风之影响[④]；史学大家赵翼的《陔余丛考》对火器的考查虽属于“博闻”[⑤]，但由其对火药出现在兵器中的史料进行泾渭分明的分类及归纳表述上，亦可见微知著，察觉其历史编纂学的实用——对史述的结构及表达方面的

---

① 李洵．正统皇帝大传［M］．沈阳：辽宁教育出版社，1993：3．该书中写道：“中国封建社会开始发生新的也是重大变化大约在15世纪中叶以后。这个变化是伴随明王朝的衰弱开始的。”

② 赵玉田．丘濬与《大学衍义补》［J］．明史研究，2007：359.

③ 王璐．方以智与《物理小识》［J］．黑龙江史志，2010（21）：182.

④ 钱玉林．陈元龙的《格致镜原》——十八世纪初的科技史小型百科全书［J］．辞书研究，1982（5）：156.

⑤ 高振铎，王孙贻，陈延嘉．赵翼及其《陔余丛考》［J］．长春师院学报（社会科学版），1996（3）：50.

丰富与变通;《浪迹丛谈》作者梁章钜一生为官，深受乾嘉“析陈名物、辑录典故”学风之影响[①]。此三人对火药起源与火器对应的共同研究方式，使得火药成了不同历史语境下史学研究实用意义的共同承载体。这就决定了近代火药史研究在很长时期及很大范围内，必定是火器史的“二级研究”。

## 三、20 世纪初期西方火药史学

### （一）西方火药史学基本观点的形成

从 19 世纪中期至 20 世纪初，由于旧的世界体系在火药武器的支撑下快速地被打乱，西方列强在军事及军备的竞争中逐步形成新的政治与文化格局。此时，关于火药发明国的争夺，成为具有强势话语权国家的史学家之间的另一片“战场”。尽管中国人早已将“霹雳砲”和“震天雷”的记载明确提出，同时，公元 1044 年完成的《武经总要》也完整而清晰地给出了多种火药配方，但终究被许多西方的火药和火器史家忽视或曲解。

对于西方早期的相关研究，我国著名火药史家冯家昇在 1947 年撰有《读西洋的几种火器史后》一文[②]，对 19 世纪下半叶到 20 世纪初的 7 种非常重要的火器史论著进行了介绍与讨论。

（1）《过去与将来火砲的研究》（*Études sur le passé et l'avenir de l'artillerie*）于 1846—1871 年，由法伟（Favé）奉拿破仑三世（Le Prince Napolean-Louis Bonaparte）之命而编，以法文撰写。其中谈到：①阿拉伯和欧洲将火药用于军事的时期应在 1326 年以后；在 1227—1250 年由中国传入阿拉伯前，欧洲和阿拉伯都没有硝石。②阿拉伯对硝石的最早记载，出现在一位名叫 Abel-Allah Ibn-Albay-thar 的阿拉伯

① 欧阳少鸣. 从归田到浪迹——梁章钜笔记《归田琐记》与《浪迹丛谈》评述［J］. 名作欣赏，2010（27）：109.

② 冯家昇. 读西洋的几种火器史后［J］. 史学集刊，1947（5）：279-297.

人撰写的医学字典中，将硝石称作“中国雪”[1]，而欧洲称之为“巴鲁”（“barud”，即“巴鲁得”）。③否定火药由中国发明，并因此拒绝提及与中国管型火器相似的阿拉伯火器“马达发”（“madfaa”，即“midfa，米德发”）。

（2）《希腊火攻法及火药之起源》（*Du feu grégeois, des feux de guerre et des origines de la poudre a Canon*）于1845年，由拉努（Reinaud）与法伟（Favé）合著，以法文撰写，其中谈到：①由马哥（Marcus Grecus，即“马克”）著作断定培根（Roger Bacon，1214—1294）并非火药的发明人。②硝石在1240年以后由中国传往阿拉伯，因此希腊火与阿拉伯的燃烧物内在此之前均不含硝石。③火药方虽有“中国铁”“契丹花”“契丹火箭”“契丹火轮”等[2]，但著者认为中国人虽最早用硝石，但并不了解硝石的爆燃性质，因而否认火药由中国发明。④火药火器最早出现在黑海和匈牙利地区。

（3）《军事及战略在武士时代之发展》（*Die Entwickelung des Kriegswesens und der Kriegführung in der Ritterzeit*）于1886年，由哥力尔（G. Köhler）以德文撰写，探讨主要内容有：①对中国史料的引用，有1232年蒙古人攻打金国开封府时使用了火药喷火枪（即“飞火枪”），但非利用火药作推射剂的射击枪；至于《宋史》记载“岳义方火箭”，怀疑并非火药火箭。②14世纪初，阿拉伯用“马达发”；1325年，阿拉伯人用火器攻打西班牙。③火药火器由中国传到西班牙，再由西班牙传往欧洲。德国的火器来自意大利。法国火药火器始于1338年，荷兰与比利时火器始于1339年，英国火器始于1340年，德国在1370年后才有火器。④否定火药由德国修道士施瓦兹（Berthold

---

① 德裔美国汉学家劳费尔（Berthold Laufer，1874—1934）也有相同考证，他认为：“阿拉伯人在13世纪已知晓硝石自中国来，因为他们将其称为‘中国雪’（thelg assin），称火箭为‘中国箭’（sahm xatai）。”参见 LAUFER B. Sino-Iranica：Chinese contributions to the history of civilization in ancient Iran [M]. Chicago：The Blackstone Expedition，1919：555-556.

② 冯家昇特别提到阿拉伯火药方中“契丹”的用词是指中国元代，他感慨于中国古代史籍中没有对应的火药配方以及与火药相关的兵书，可与阿拉伯文献相对比，其“元代说”仅是一种遗憾的推断；其实，曹焕文已在1938年得出相同结论，其所采用的参考文献，也与冯家昇同为1943年陆达节编《历代兵书目录》，只是二者研究方法不同。

Schwartz）发明的说法。

（4）《炸药史》（*Geschichte der Explosivstoffe*：*Bände 1-2*）于 1859—1896 年，由拉毛基（S. J. Romocki）以德文撰写，探讨主要内容有：①中文文献考据，也有 1232 年“飞火枪”，以及 1259 年南宋抵御蒙古军所用“突火枪”[①]。②14世纪初，阿拉伯的“马达发”与中国宋代“突火枪”类似，应是改良物[②]（图 2.5）。③ 13 世纪欧洲人提到火药的著作有英国培根（Roger Bacon，1214—1294）的《论技术与自然界的神奇兼论魔术之虚幻书信集》（*Epistola de Secretis Operibus Artis et Naturae*，*et de Nullitate Magiae*）和《大著作》（*Opus Majus*），以及德国大亚力

图 2.5　手持火器“马达发”的阿拉伯人（采自古特曼著作 *Monumenta Pulveris Pyrii*）

① 冯家昇认为这些文献并非直接来源于中文的《金史》与《宋史》，而是来自法国汉学家儒莲（Stanislaus Julien，1797—1873）所翻译的《资治通鉴纲目》，以及一些传教士所写的文章。

② 冯家昇由此认为“马达发”是欧洲火炮的鼻祖，并特别指出可在 14 世纪中叶的意大利壁画中看到军人手持“马达发”的情景。笔者特从古特曼的著作（GUTTMANN O. Monumenta Pulveris Pyrii：reproductions of ancient pictures concerning the history of gunpowder，with explanatory notes [M]. London：The Artists Press，1906.）内找到该图片。

贝尔斯（Albertus Magnus，1193—1280，即大阿尔伯特）的《世界奇妙文物》（*De mirabilibus mundi*）。二者关于火药的著作都源自希腊人马克（Macus Graecus）在1257年左右所著的《焚敌火攻书》（*Liber Ignium ad Comburendos Hostes*）。

（5）《火砲之起源》（*The Origin of Artillery*）于1915年，由海姆（Lieut.-Colonel Henry W. L. Hime）以英文撰写。该书主要部分源自海姆的《火药与军火》（*Gunpowder and Ammunition*），探讨主要内容有：①希腊火（Greek fire）、海火（Sea fire）、阿拉伯的“石脑油”（naphta）以及中国的火炮，都不含硝石，因而都不是火药武器。②中国史学家从未明言火药是中国的发明，因此中国的史学家诚实而可靠。③《焚敌火攻书》取材自阿拉伯，但阿拉伯没有火药。④海姆认为罗吉尔·培根的著作中有火药方，但“字句脱落隐藏”，因此想象了配方中硝石、硫黄与木炭的成分比例；同时，标记培根著作时间为公元1205—1232年[①]。

（6）《中古时代的战术史》（*A History of the Art of War in the Middle Ages*）于1924年，由欧曼（Charles Oman）以英文撰写。该书认为古代中国与拜占庭都有纵火物，但没有火药。1232年，蒙古军队所用“震天雷”不是火药武器。意大利天主教方济各会教士若望·柏朗嘉宾（Giovanni da Pian del Carpine，1180—1252）在1246年抵达蒙古时，火器军备只见到希腊火，也证明蒙古没有火药武器。

（7）《中古时代的火砲》（*Das Geschütz im Mittelalter*）于1928年，由拉得根（Bernhard Rathgen）以德文撰写，探讨主要内容有：①欧洲第一次将火药用于军事是在1321—1331年。②否定火药这样的传播路径：阿拉伯—西班牙—法国—德国。③德国火药来自希腊，传入时间无考。马克是欧洲最早懂得混合硝、黄、炭之人。④德国人施瓦兹在1350年或1354年偶然发明了冲天炮。

除冯家昇外，科学史家李约瑟（Joseph Needham，1900—1995）在

---

① 冯家昇因此反问，培根给出硝石参与的火药配方的著作，其诞生日期内欧洲尚没有硝石，这“岂不是自相矛盾？”

《中国科学技术史》第五卷第七分册《军事技术：火药的史诗》[1] 中，引用包括最知名的炸药史家帕廷顿（J. R. Partington）[2] 等在内的诸多研究，也对“阿拉伯与西方资料”的火药火器史历史文献进行的简略但重点突出的介绍。

（1）希腊（或拜占庭）人马克（Macus Graecus）的《焚敌火攻书》是在欧洲最早提及火药的著作，其中表达了火药的“希腊发明说”。

（2）1280 年左右，叙利亚人哈桑·拉马赫（Hasan al-Rammah）的《马术与战术》（*Kitab al-Furusiya wa'l-Muna s ab al-Harbiya*）内，有多种火药配方，并称其中的硝石为“巴鲁得”（barud），称烟火中有“中国轮”（“wheels of China”）和“中国花”（“flowers of China”）等，以及添加与中国火药成分类似的硫化砷 [3]、生漆和樟脑，都证明了火药是自东向西传播，军用焰火的制作来源于中国文化区。

（3）“米德发”（midfa）一定是某种管子，1342—1352 年首次被提到，1383 年指火炮。

（4）在西方盛传为火药发明鼻祖的培根（Roger Bacon，即罗吉尔·培根），著有《大著作》《小著作》和《第三著作》。疑为《第三著作》“精简版”的《论技术与自然界的神奇兼论魔术之虚幻书信集》中，有被海姆附会为火药配方的一些暗号和密码。

（5）多明我会教士大阿尔伯特（Albertus Magnus，1193—1280）在《世界奇妙文物》（*De mirabilibus mundi*）中有关火药及“飞火”（“flying fire”）的描述与上文马克著作第 13 节的言辞完全一致 [4]。

对照冯家昇和李约瑟二人的研究，可见西方早期对火药起源的研究，基本形成的学说有：“希腊发明说”（主要源于马克的《焚敌火攻书》）、“培根发明说”（主要支持者为海姆）以及“中国发明说”（主要基

① NEEDHAM J. Science and civilisation in China [M]. Cambridge: Chambridge University Press, 1986: 39-51.

② PARTINGTON J R. A history of Greek fire and gunpowder [M]. Baltimore: The Johns Hopkins Univerisity Press, 1999.

③ 硫化砷是中国火药配方中常常加入的雄黄或雌黄的主要成分。

④ 1911 年的《不列颠百科全书》在“Gunpowder”词条下也记录了：“大阿尔伯特在著作中重复了马克给出的火药配方。”

于对硝石产地以及蒙古火炮“震天雷”的史料分析）。此外，还流传着火药由德国修道士施瓦兹（Berthold Schwartz）发明（主要支撑研究为德国炸药学专家古特曼所著《爆药的制造》[①] 一书），以及印度或中亚发明的学说（主要支持者为英国汉学家梅辉立）……而每种学说又都被不同的研究者所赞同或反驳。可见，西方早期火药火器史的相关研究本身，已形成一门复杂而又颇具深度的课题。

然而，由于本书研究的侧重点并不在于对西方火器史的详细梳理，而是为了考察西方火药史学家运用史料的特点以及得出不同火药起源学说的脉络；更重要的是，通过比较来看清西方早期研究方法的异同以及走向。此外，由于梅辉立的火药史学——尤其是其对中国史书和典籍中相关史料的挖掘，对近代火药史学的形成颇具影响，更开西方专门火药史研究之先河；同时，学界迄今为止仍未有相关专门且详细的对比性研究[②]，本书因此在下一节中，对梅辉立的研究进行较详细的分析与探讨，以期达到上述目的。

### （二）西方专门火药史学

英国外交家及汉学家梅辉立于 1869 年所作《中国人引进及使用火药火器考》（*On the Introduction and Use of Gunpowder and Firearms among the Chinese*）一文[③]，应是国外早期火药史学史上专门通过中国古籍进行考证的最详细的研究。

---

① GUTTMANN O. The manufacture of explosives: a theoretical and practical treatise on the history, the physical and chemical properties, and the manufacture of explosives [M]. New York: Whittaker and Co., 1895: 1–23.

② 譬如对梅辉立火药史的研究，目前似乎只有在 2013 年华东师范大学凌姗姗的硕士学位论文《梅辉立与中西文化交流》中第 22–24 页进行过介绍。

③ MAYERS W F. On the introduction and use of gunpowder and firearms among the Chinese, with notes on some ancient engines of warfare, and illustrations [J] // in Journal of the North-China Branch of the Royal Asiatic Society, Vol. Ⅵ., 1869—1870. Shanghai: Kelly & Walsh, 1871: 73–104. 该文在 1869 年 5 月 18 日已经写成并被宣读。

论文的考证基点是：梅辉立否定了他之前两位汉学家——斯当东男爵（George Leonard Staunton，1737—1801）与卫三畏对火药起源于中国的“假想”（assumptions）。前者在《英使谒见乾隆纪实》一书中因硝石于中国和印度很常见，即臆断火药源自中国[①]；而后者在《中国总论》中则唐突地猜测火药“可能”是中国的发明物以及火器在蒙元时期投以实用的观点[②]，是没有可令人信服的实例来支撑的孤证，是对事实真相的“误解”（misapprehensions）[③]。在梅辉立看来，有许多值得信任的研究——即使是纯粹的中文著作，任何一个对火药起源及应用抱有严肃态度的学者，都“不认同欧洲人归之于中国人的这一荣誉”[④]，这种认识也成为其论文中仅对中文文献进行挖掘的原因。

梅辉立论文中利用的主要中文文献及考证史料与说明如表 2.1 所示。

---

① STAUTON G. An account of the embassy from the Great Britain to the emperor of China[M]. London: W. Bulmer and Co., 1799: 106.

② WILLIAMS S W. The middle kingdom, Vol. Ⅱ[M]. New York & London: Wiley and Putnam, 1848: 160. 该著作分 2 卷，共 23 章。第 2 卷第 16 章标题为“Science of the Chinese”，其中有“Military Science and Implements of War”一节，对中国古代军事战具等有简单介绍，其中并未见对火器起源以及火药的具体研究，仅有如梅辉立所引之结论。在该著作 1883 年的“改进版本”中 WILLAMS S W. The middle kingdom, Vol. Ⅱ[M]. New York: & London: Wiley and Putnam, 1848: 89-91. 卫三畏特别引用了梅辉立的文章结论，但同时仍然认为，火药的知识可能是在汉代末期（公元 250 年）即为中国人所获知，而火药火器的出现，则甚为难考。

③ MAYERS W F. On the introduction and use of gunpowder and firearms among the Chinese, with notes on some ancient engines of warfare, and illustrations [J] // in Journal of the North-China Branch of the Royal Asiatic Society, Vol. Ⅵ., 1869—1870 [C]. Shanghai: Kelly & Walsh, 1871: 73-74.

④ MAYERS W F. On the introduction and use of gunpowder and firearms among the Chinese, with notes on some ancient engines of warfare, and illustrations [J] // in Journal of the North-China Branch of the Royal Asiatic Society, Vol. Ⅵ., 1869—1870 [C]. Shanghai: Kelly & Walsh, 1871: 74.

**表 2.1　梅辉立考证主要文献、史料与说明**

| 考证主要文献 | 考证史料 | 说明 |
| --- | --- | --- |
| 《物理小识》 | “火药自外夷来。……”①，“岳珂《桯史》曰：汴城旧多曲折，蔡京方之，黏罕、斡离不视城而咲。植炮四隅，随方击之。城既引直，一炮所望，皆不可立矣。……”②（卷八） | a.《物理小识》中首次出现了中国古文献中火药学的专论（第 74 页）<br>b. 著者方以智的学识高于同时期的国人，且明显对当时北京教堂的耶稣会士的著作相当熟悉（第 75 页）<br>c.1664 年的《物理小识》是第二版，推断其应在 1630 年左右就已经现世（第 75 页）<br>d. 方以智引用《桯史》内提及了与“砲”相关的军事器械③，却并未应用火药（第 75 页）<br>e. 方以智这样权威的中国学者对火药源自国外的论断，是作者（梅辉立）对其观点的出发点进行更深入探究的原因（第 75 页）<br>f. 可以断言，唐代之前的所有中国古文献中，不会存在有火药的文字记载（第 75 页） |
| 《陔余丛考》 | “军中火器，古已有之。《周官》有火射、枉矢之属，已肇其端。然燧象、火牛、赤壁之烧、秭归之火，皆以草木苇荻而灌脂，非火药制器也。”（卷三十；下同）<br>“《三国志》袁绍起土山高橹，射曹操营，操乃为霹雳车，发石以击，绍楼皆破。……《唐书》李光弼守太原，作大砲飞巨石，一发毙数十人。……是历代砲法犹多用机发石也。然火砲实起于南宋、金、元之间。” | a. 著者赵翼似乎预料到，他对“古已有之”的“军中火器”的描述，会使欧洲的学者产生是中国发明了火药的误解，因而特别交代，这些古代中国的火器与火药无关（第 76 页）<br>b. 中国学者认为与火药知识相关的最早迹象，是那些在中国节日里随处可见的爆竹（第 76 页）<br>c. 由“虞允文”和“魏胜”的相关记述，我们可以确切地推断含有火药的燃烧物的传入时期（第 85 页） |

① 参见前文对《物理小识》所引的文段，此处不再重引。

②（明）方以智．物理小识［M］．上海：商务印书馆，1936：208.

③（宋）岳珂．桯史［M］．北京：中华书局，1981：8．书中指出：“靖康胡马南牧，黏罕、斡离不扬鞭城下，有得色，曰：‘是易攻下。’令植砲四隅，随方而击之。城既引直，一砲所望一壁，皆不可立，竟以此失守。”

续表

| 考证主要文献 | 考证史料 | 说明 |
| --- | --- | --- |
| 《陔余丛考》 | "'宋史'[①] 虞允文采石之战，发霹雳砲，以纸为之，实以石灰、硫黄，投水中而火自水跳也，纸裂而石灰散为烟雾，眯其人马，遂败之。又魏胜创砲车，施火石可二百步，其火药用硝石、硫黄、柳炭为之。此近代用火具之始。"<br>"按《明史·兵志》'火箭'条内，永乐征交趾，得神机枪砲法，特置神机营习之。大者用车，次及小者用架、用桩、用托。所谓用车者，即今之大砲也。用架、用桩者，盖即今之鸟机砲也。其用托者，盖即今之鸟枪也。是鸟枪之制，永乐中已有之，然不传于外。永乐二十年，虽从张辅请，置砲于大同等关以御敌，然利器不示人，朝廷每慎惜之。"<br>"正统六年，边将黄真立神铳局于宣府，帝犹以火器外造，恐传习漏泄，特敕止之。是正统以前，鸟枪未尝传习于外，直至嘉靖以后始用之于营伍耳。" | d. 中国绝不是最先懂得火药强大能效的国家，事实上，却是最晚对其爆炸性能有所认识的国家。直到清代嘉靖时，当欧洲人的船舰抵达中国海岸以后，火器的应用才首次被广泛传入并很快取得成功。同时，现代枪炮科学也得到了极大关注<br>e. 第一批葡萄牙船员在 1517 年到达广州，船上所置大炮备受关注；葡萄牙大炮所谓"弗朗机"的名称无疑是其阿拉伯或马来的表达方式 |
| 《荆楚岁时记》[②] | "正月一日，是三元之日也，谓之端月。" | a. 在中国传统里，爆竹的使用与迷信的起源相关。而关于其引进与起源的意义，中国的古文物研究者认为，现代的爆竹只是模拟了为驱邪而燃烧竹子时发出的声响。最早记载的这种活动有关两种节庆产品，一种在公元 6 世纪被制作出来，另一种则是推测应当也在同一时期（第 76 页）<br>b. 晚至公元 6 世纪，火药也是未知的（第 77 页） |

① 梅辉立此处未将"宋史"解读为《宋史》史籍，而是"宋人治史"，这与笔者的查证一致。

② （南朝梁）宗懔. 荆楚岁时记［M］. 宋金龙，校注. 太原：山西人民出版社，1987.

续表

| 考证主要文献 | 考证史料 | 说明 |
| --- | --- | --- |
| 《荆楚岁时记》 | “先于庭前爆竹，以辟山臊恶鬼。”“按《神异经》云：‘西方山中有人焉，其长尺余，一足，性不畏人，犯之则令人寒热，名曰山臊。人以竹着火中，烞熚有声，而山臊惊惮远去。”① | c. 爆竹就是因其声音被与驱除邪魔联系起来而得以使用，但在6世纪前的《山海经》及《风俗通义》中，却不仅完全没有提及“山臊”或“山魈”②，而且更不包含丝毫与爆竹相关的文字。实际上，直到印度神话如潮水般涌入中国，又在统治者对佛教徒的热情资助下迅速而广泛地传播开来，这时我们才最早邂逅了这种迷信（第78页） |
| 《诺皋记》 | “山萧，一名山臊,《神异经》作□③（一曰操）,《永嘉郡记》作山魅，一名山骆，一名蛟（一曰□），一名濯肉，一名热肉，一名晖，一名飞龙。如鸠，青色，亦曰治乌。巢大如五斗器，饰以土垩，赤白相见，状如射侯。犯者能役虎害人，烧人庐舍，俗言山魈。”④ | a. 中国人似乎并未对“山魈”一词的来源及意义做任何追踪，但我们却可以由其出现在文献中的日期以及它外来词的表征，自信地认为其应源自印度（第78页）<br>b. 这种早在6世纪即有的驱邪的想法，与今日人们使用爆竹，仍然不可分割地存在关联（第79页） |
| 诗词 | “爆竹惊邻鬼”（宋·苏轼《荆州十首》）<br>“爆竹声中一岁除”（宋·王安石《元日》）<br>“能使妖魔胆尽摧，身如束帛气如雷。一声震得人方恐，回首相看已化灰。”（清·曹雪芹《红楼梦》） | 在宋代诗词中也不存在确切地意味着它们时代的爆竹有超越早期文献中所记载简单竹子爆燃的地方，倘若找不到进一步论证的文献，我们就要怀疑这种诗词内所颂扬的燃烧物，到底有没有火药参与其中了（第79页和第80页） |

① 《神异经》乃汉代作品，可能托东方朔之名而撰，晋代张华注，参见（晋）张华. 博物志（外七种）[M]. 上海：上海古籍出版社，2012：96.《神异经·西荒经八则》中提道：“西方深山中有人焉，身长尺余，袒身，捕虾蟹。性不畏人，见人止宿，暮依其火以炙虾蟹。伺人不在，而盗人盐以食虾蟹。名曰山臊。其音自叫。人尝以竹著火中，爆烞而出，臊皆惊惮。犯之令人寒热。此虽人形而变化，然亦鬼魅之类，今所在山中皆有之。”

② MAYERS W F. On the introduction and use of gunpowder and firearms among the Chinese, with notes on some ancient engines of warfare, and illustrations [C] // in Journal of the North-China Branch of the Royal Asiatic Society, Vol. Ⅵ., 1869—1870. Shanghai: Kelly & Walsh, 1871: 77. 梅辉立引用了北宋李畋所撰《该闻录》内的传说故事，讲述李畋的邻居中了“山魈”诅咒，后经竹竿的爆裂声驱走了邪魔。书中提道：“李畋邻叟家，为山魈所祟，畋令除岁聚十根于庭，焚之使爆裂有声，至晓乃寂然。”

③ 用□代替不清楚或缺失文字，下同。

④ （唐）段成式. 诺皋记 [M]. 清乾隆五十九年（1794）刊本 23.

续表

| 考证主要文献 | 考证史料 | 说明 |
| --- | --- | --- |
| 《物原》 | “轩辕作砲，吕望作铳，魏马钧制爆杖，隋炀帝益以火药杂戏。” | a. 通过《物原》我们得以一瞥火药传入并被用于烟火制作的确切时代（第 80 页）<br>b.《物原》提到的“轩辕”和“吕望”，是中国历史中最卓越且“传统”的发明者，这种将源头无考的发明归功于此二人的做法，屡见不鲜（第 80 页）<br>c.《物原》谈到的“魏马钧制爆杖，隋炀帝益以火药杂戏”，从某方面来看，颇具可信度。隋炀帝追求奢靡享乐，来自邻国的游方诗人、江湖郎中及巫师只要携带着新式的娱乐物品，就会受到热切的期待与欢迎（第 80 页和第 81 页） |
| 《广博物志》① | “马钧巧思绝世，设为女乐舞象，至令木人击鼓吹箫；作山岳，使木人跳丸、掷剑、缘絙、倒立。”（卷三十五，第 21 页） | 《广博物志》卷三十二（第 51 页）内也收录了《物原》的如上记述，在其他章节也记录了许多稀奇的、来自印度或中亚地区的漫游探险者们的魔幻表演（第 81 页） |
| 《宛署杂记》 | “放烟火：用生铁粉杂硝、黄、灰为玩具，其名不一，有声者，曰响砲，高起者，曰起火。起火中带砲连声者，曰三级浪。不响不起，旋绕地上者，曰地老鼠。筑打有虚实，分两有多寡，因而有花草人物等形者，曰花儿。”② | 关于火药，总结如下：<br>a. 没有有关中国人发明火药的证据<br>b. 有理由相信，火药是在公元 5 世纪或者 6 世纪从印度或中亚引入的<br>c. 这项发明在进入中国以后，与以娱乐为目的的烟火的制造联系起来，并且在某个尚未探知的时期，代替了燃烧竹子发出声响驱赶邪魔的活动（第 82 页） |

① （明）董斯张．广博物志［M］．万历四十五年（1617）刻本．

② （明）沈榜．宛署杂记［M］．北京：北京古籍出版社，1980：190．

续表

| 考证主要文献 | 考证史料 | 说明 |
| --- | --- | --- |
| 《史记》 | 张晏曰："《范蠡兵法》飞石重二十斤，为机发行二百步。此即礮之起源。"① | 张晏生活在公元250年左右的三国时期（第83页） |
| 《资治通鉴》 | "吴王遣使遗契丹主以猛火油，曰：'攻城，以此油然火焚楼橹，敌以水沃之，火愈炽。'契丹主大喜，即选骑三万欲攻幽州，述律后哂之曰：'岂有试油而攻一国乎！'因指帐前树谓契丹主曰：'此树无皮，可以生乎？'契丹主曰：'不可。'述律后曰：'幽州城亦犹是矣。吾但以三千骑伏其旁，掠其四野，使城中无食，不过数年，城自困矣，何必如此躁动轻举！万一不胜，为中国笑，吾部落亦解体矣。'契丹主乃止。"② | a. 公元917年，正是吴王统治兴盛时期，杭州作为首府，最为富足，同时也必然是印度与阿拉伯冒险家最常光顾的地方，而拜占庭的东西也颇有可能乘虚而入（第86页）<br>b. 至少这也是一种巧合，即就在此几年前的公元890—911年，利奥皇帝引进了与"希腊火"（Greek fire）有关联的"喷火管"（fire-tubes）③；这样一种发明不是没有可能被来自西方的流浪者带入杭州，并被当作一种新的军用物资而接受（第86页至87页）<br>c. 五代是我们所发现的战争发明进展最迅猛的时期（第87页） |
| 《格致镜原》引《稗编》 | "春往使陕西，见西安城上，旧贮铁砲曰'震天雷'者，状如合碗，……。飞火枪，乃金人守汴时所用，今各边皆知为之。" | |
| 《明史》 | "（永乐四年）十二月，（张）辅军次富良江北，遂与晟合军进攻多邦城。……贼驱象迎战。辅以画狮蒙马冲之，翼以神机火器。象皆反走，贼大溃。"（卷一百五十四·列传第四十二） | |

① （汉）司马迁. 史记（第七册）[M]. 北京：中华书局，2014：2841-2842. 书中记载："久之，王翦使人问军中戏乎？对曰：'方投石超距。'"宋代裴骃"集解"："骃按：《汉书》云：'甘延寿投石拔距，绝于等伦。'张晏曰：'《范蠡兵法》飞石重十二斤，为机发行三百步。延寿有力，能以手投之。拔距，超距也。'"原文中并未记有"此即礮之源起"之说，梅辉立杜撰于其引用文献中。

② （宋）司马光. 资治通鉴（卷二百六十九）[M]. 北京：中华书局，2014.

③ Chambers's Encyclopaedia: a dictionary of universal knowledge for the people, Vol. Ⅳ [M]. London: W. and R. Chambers, 1862: 337.

续表

| 考证主要文献 | 考证史料 | 说明 |
|---|---|---|
| 《武备志》[1] | “此（神枪）即平安南所得者也。箭下有木送子，并置铅弹等物，其妙处在用铁力木重而有力，一发可以三百步。”（卷一百二十六）<br>“顾应祥云，弗朗机，国名也，非铳名也，……其铳以铁为之，长五六尺，巨腹长颈，以小铳五个轮流贮药，安入腹中放之。铳外又有木包铁箍，以防决裂，每边置四五个于船舱内。”（卷一百二十二） | 茅元仪似乎对“木送子”这种东西的认识也很模糊，其信息很可能来自贫乏的传统文献资源；许多古代武器都同样缺乏详细的证据，其中不少都明显是幻想出来的。然而不可否认的是，永乐时期在交趾战役中，出现了火药火器的记载（第94页至95页） |
| 《七修类稿》[2] | “鸟嘴木铳嘉靖间日本犯浙，倭奴被擒，得其器，遂使传造焉。”（卷四十五） | |

关于梅辉立对中国史籍内火药火器的引用及结论推导，本书对其考证逻辑脉络分析如下。

第一，梅辉立对早期的国外学者——主要是耶稣会士所持火药可能源自中国的观点是彻底否定的，即使该学说被包括“如斯当东或卫三畏之流在内的饱学之士”所接纳。他将这些学者的论断当作无根据或未经查证的假象，开始由古中文文献中探索火药发展的痕迹。所以，梅辉立研究的前提是：①火药由中国人发明的“假说”是由外国学者提出的。②中国学者（如方以智等）认为中国人所用火药是由西方传入的。正因他坚定地信仰此二前提，所以在面对《物理小识》内亦未曾经过论证的“火药自外夷来”的结论时，能毫无怀疑地接受，并放弃对这个观点来源的追踪；在看到《陔余丛考》所记“军中火器，古已有之……皆以草木苇荻而灌脂，非火药制器”时，竟将此逻辑解读为是赵翼“担

① 《武备志》在梅辉立的考察中主要被关注的部分是火器图，用来与其所调查史籍中的火器做对照。

② 梅辉立的此段引用，是受《陔余丛考》内“鸟枪则起于嘉靖中，郎瑛《七修类稿》云，嘉靖间倭人内地有被擒者，并得其铳，……”之影响。据本书前文所考，陈元龙对《七修类稿》已先期引用。

心给欧洲人造成中国发明了火药的错觉”[①]，从而故意解释古代火器与火药无关。这种明显的主观臆断较之上文中他所批判过的西方学者，恐犹过之。

第二，从研究方法上看，本书第二章已对明清两代的火药史学得出结论，即将“火药”与“火器”起源的历史考证进行绑定的“单一途径”的研究方式；而梅辉立之前西方学者的研究，同样具有相似的特征。例如，《钱伯斯百科全书》（*Chambers's Encyclopaedia*）中甚至不存在“火药”（gunpowder）的词条，而在专设的“火器”（firearms）一条下，有对火药与火器“捆绑”的描述与解释：“火器的逐步引进与火药的发明是如此相关，所以我们最好同时对此二种发明进行探讨。”[②]；卫三畏对此原因的认识是：“相比之于战争实践，中国人对战争理论投入了更多的关注。”[③] 因此，梅辉立首次打破了普遍存在于中西方研究的方法“惯例”，将爆竹（fire-cracker）和烟花（fire-work）等“民用火药”与“军用火器”（fire-arm）并列，形成了两条研究途径。这种研究方法的突破，不仅使梅辉立本人通过对烟火的历史考查，提出了火药的“印度起源说”，同时也影响并引领近代火药史研究者，在专注于军用火器史之外，另辟蹊径地关注民用火药的起源和发展。

第三，近代研究对火药特性的认识，主要在于其“爆燃性”（explosive qualities）。梅辉立的民用火药史研究，应起于《陔余丛考》对中国古代军器使用“燃烧物”而带来的启发，进而开始对“爆竹”史料进行探查。梅辉立运用颇为新颖的史料与独特的视角——从《荆楚岁时记》《诺皋记》《神异经》到《山海经》《风俗通义》，由“山臊”与“山魈”等神怪名称间异同的对比，分析其与爆竹之间的因果联系，查证其来源并非出自古代中国，而应是印度。尽管他随后怀疑和否定了爆竹与

---

① MAYERS W F. On the introduction and use of gunpowder and firearms among the Chinese, with notes on some ancient engines of warfare, and illustrations [C] // in Journal of the North-China Branch of the Royal Asiatic Society, Vol. Ⅵ., 1869—1870. Shanghai: Kelly & Walsh, 1871: 76.

② Chambers's Encyclopaedia: a dictionary of universal knowledge for the people, Vol. Ⅳ [M]. London: W. and R. Chambers, 1862: 337.

③ WILLIAMS S W. The middle kingdom, Vol. Ⅱ [M]. New York & London: Wiley and Putnam, 1848: 158.

火药的关联，但仍然从文化传入及影响方面，将古印度文明纳入其研究视界之内。

第四,《物原》中军用武器以及“烟火”的发明观点被陈元龙引用后，成为近代火药史学中重要的史料证据，同时也引发了研究者间的大争论。梅辉立明确地否定了《物原》作者罗颀将“砲”与“铳”附会在上古君王“轩辕”及“吕望”身上的观点，反讽此二者是中国历史上“卓越的传统发明者”（the traditional inventors par excellence）；值得特别说明的是，斯当东男爵也抱有相同观点，认为中国史学家钟情于把来源无考的发明归于上古的几位君王名下[①]。尽管如此，梅辉立依据如下四点分析，对“魏马钧制爆仗，隋炀帝益以火药杂戏”的说法颇为认同，并沿着“烟火史”的研究途径，得出三条结论：①《广博物志》等文献所记录古代印度和中亚地区为中国所引进的“稀奇”器物以及“魔幻”的表演，迎合了追求奢靡享乐的隋朝皇帝与王公大臣的喜好，为火药的传入提供了历史机遇。②在汉末至隋代的两个世纪里，有大量来自印度的哲学、宗教以及科学涌入了中国，而“恰好”在这期间，中国突现了“火药”（fire-drug）[②]。这为“火药”（gunpowder）由印度或中亚到中国的传入（introduction）提供了相当大的逻辑可能性[③]。③前文关于“爆竹”来自印度的推测，从文化影响角度来说，与烟火术可能也来自印度作呼应。④除《物原》以外，中国古文献中有关隋炀帝时期烟火的记载甚少。因此，罗颀可算是这方面具有相当权威的学者。

因此，在梅辉立的查证中，从马钧到隋炀帝（公元5—6世纪）的“爆竹”及“烟火”，最终的证据似乎全部指向了印度与中亚，而在中国史料中却寻找不到火药发明自本土的明证。

第五，梅辉立由军用火器考证火药起源的途径，主要采用了赵翼

---

① STAUTON G. An account of the embassy from the Great Britain to the emperor of China, Vol. 3［M］. London: W. Bulmer and Co., 1799：106. 事实上，民国时期中国的火药史研究者对《物原》亦持否定态度。

② 应指唐代的“火树银花”之说。

③ MAYERS W F. On the introduction and use of gunpowder and firearms among the Chinese, with notes on some ancient engines of warfare, and illustrations［J］// in Journal of the North-China Branch of the Royal Asiatic Society, Vol. Ⅵ., 1869—1870. Shanghai: Kelly & Walsh, 1871：81-82.

的研究方式：在“石砲”到“火炮”的发展进程中，检索火药介入的历史时期。然而，正如本章对中国史学家研究方法及结论的梳理中所看出的，二者的分野聚焦在了“虞允文霹雳砲”和“魏胜砲车”出现的宋金战争时期。

梅辉立虽然采纳了《陔余丛考》提供的史料及探讨方法，却着实“误解了”清代学者对“霹雳砲”作为“近代火具之始”（这分明是显而易见的“中国发明原始火药火器”的宣告）的意味，极可能因深陷于“烟火由印度来”的想法的桎梏，坚信可以通过更深入地挖掘文献，找到这些火器也必由西方传来的证据。因此，我们看到了他在查寻相关史料上付出的努力与尝试：先将中国五代首府杭州出现的“猛火油”与印度人和阿拉伯人频繁造访关联在一起，并且发现拜占庭的“希腊火”几乎在同一时期出现，因而更增加了对“猛火油”的喷火管是西传而来的怀疑；从宋代的各种“火砲”与“火枪”，乃至明代的各类火铳与火箭，详细地借助茅元仪所撰《武备志》的图文进行对照，认为有不少古代武器来源不明或缺乏详细的证据，因而可能是幻想出来的不真实的东西[①]；明代永乐时期的征伐，引进了具有推射效力的火药火器，而有进一步资料中的蛛丝马迹，显示那是“早已被波斯及其周边国家熟知的发明，由阿拉伯的哲人们传入了中国”[②]；至于对“弗郎机”完全是葡萄牙国名的名称考证，推断那“无疑是阿拉伯或者马来的表达方式”[③]……诸如此类，尽力从形式到内涵搜罗并提出火器西来的证据与论断。

依靠出色而详备的考据，梅辉立提出了基于军用火器考证路径的结论：①战争中所用之抛射燃烧弹源自抛石机，这使得在称谓上石砲之“砲”与火砲之“砲”没有区别，从而导致了对现代火器有早期应用的误解。②直到 12 世纪中叶左右才出现了战争中使用火药武器的证据，

①② MAYERS W F. On the introduction and use of gunpowder and firearms among the Chinese, with notes on some ancient engines of warfare, and illustrations [C] // in Journal of the North-China Branch of the Royal Asiatic Society, Vol. Ⅵ., 1869—1870. Shanghai: Kelly & Walsh, 1871: 95.

③ MAYERS W F. On the introduction and use of gunpowder and firearms among the Chinese, with notes on some ancient engines of warfare, and illustrations [C] // in Journal of the North-China Branch of the Royal Asiatic Society, Vol. Ⅵ., 1869—1870. Shanghai: Kelly & Walsh, 1871: 96.

而这些武器也并非推射性的。③可能在明代永乐时期（15 世纪期间），火药的推射功能被发现并使用。

综上所述，梅辉立作为西方最早对火药起源进行系统性专门研究的学者，以中国古代文献的详细考据为基础，反驳了欧洲同时期及之前火药源自中国的猜测，将火药史的研究方法创造性地分为“民用火药”（以烟火为代表）和“军用火器”两条路径，结合中西古代文化交流史，提出了火药的“印度或中亚发明说”。

## 四、近代火药史学及其困境

1928 年，史学家陆懋德在《清华学报》发表题目为《中国人发明火药火炮考》的论文[①]，发端了中国人对火药火器史的专门研究。与上文探讨的西方学者对火药史的研究对比可知，陆先生的论文正诞生在火药史学承上启下的时期：中国由明代发端而至清代学者在史料上的挖掘与丰富，西方学界不断涌现的“中国发明说”“希腊发明说”“英国发明说”“德国发明说”和“印度及中亚发明说”等学说，以及围绕其展开的争论。陆懋德在研究之前，显然对世界火药史学研究的情形做了较详细的了解。他在论文开篇即叙述“中国发明说”的起因及困境：

> “近世西国战争无不以火砲为唯一之利器，而语及火砲之起源，又必上溯火药之发明。中国者，西方人士所谓最初发明火药之地，而中国人士莫不以此自夸于世界者也。火药之发明为世界最大发明之一。若无火药，非仅战争之技术不能进步，即开山掘矿之工程亦不能进行。中国人虽为火药之发明家，而关于火药之如何发明，及始于何人，用于何时，在今日实无详细之记载可考。”[②]

在陆懋德看来，火药由中国发明的认识，是西方学者最先提出，被中国人接受并因而有了“自夸”的心态。然而，这种“自夸”由于“中国发明说”缺乏史料支撑以及确定的论证，在中国近代的国际地位与历

① 陆懋德. 中国人发明火药火炮考［J］. 清华学报，1928，5（1）：1489-1499.

② 陆懋德. 中国人发明火药火炮考［J］. 清华学报，1928，5（1）：1489.

史语境下，逐步形成一种“虚空”的民族自豪感，也成了史学家学术困境的起因。中国人引以为豪却又难以论证的科技发明，在其时知识分子心里持续形成特别的历史责任感，甚至“历史亏欠感”。因此，详细考证“火药之如何发明，及始于何人，用于何时”，才是陆懋德作此论文真正的心理预期。

学界对火药“中国发明说”的研究情形，陆懋德考求到：

> “法人 Henri Cordier 及英人 E. H. Parker 均谓中国人在七世纪内已知用礮，实则此为以机发石之礮，而非以火药发弹之礮也。明人邱濬作《大学衍义补》，曾欲考火药火炮之起原，而不得其详，盖因前人关于此事之材料甚为缺乏故也。前清赵翼、梁章钜及近时英人 W. F. Mayer ①、日人矢野仁一均有考证中国火药火砲之文论，而尤以矢野氏之说为详，余因广其未备，著其切要，并断以己意，为说以证明之如下……” ②

这段讲述中涉及的法国历史学家高迪爱（Henri Cordier，1849—1925）与英国汉学家庄延龄（Edward Harper Parker，1849—1926）的研究，事实上都出自高迪爱对苏格兰东方学者亨利·玉尔（Henry Yule，1820—1889）译本的《马可·波罗游记》（*The Book of Ser Marco Polo*）的整理版本 ③。其中有马可·波罗对“襄阳府”（SAIANFU）的描述一章节。在谈到“砲”时，高迪爱采用了庄延龄的结论：“在《中国评论》第24卷 ④ 中我曾给出一位将军的姓名及年代，他使用的‘砲’可上溯至公元七世纪。”笔者根据高迪爱的标注，对庄延龄记述的出处进行了详考，在《亚细亚季刊》查得庄延龄的论文《马可·波罗游记的新发现》

---

① 此处为原文误写，应为“Mayers”。

② 陆懋德. 中国人发明火药火炮考［J］. 清华学报，1928，5（1）：1489.

③ CORDIER H. Ser Marco Polo：notes and addenda to Sir Henry Yule's edition，containing the results of recent research and discovery［M］. London：John Murray，1920：95.

④ 登录“Hong Kong Journals Online”（网站地址：http://hkjo.lib.hku.hk/exhibits/show/hkjo/browseIssue?book=b35317450）查得《中国评论》第24卷有5期可供查阅（第2期至第6期），缺失第1期。笔者在第2期至第6期中，暂未查得庄延龄对公元7世纪使用砲石的将军的相关描述。

(*Some New Facts About Marco Polo's Book*)[①]，其中有与上述结论完全相同的表述。因此，陆懋德所谓高迪爱与庄延龄“均谓中国人在七世纪内已知用礮”，事实上仅是庄延龄的研究，而高迪爱乃转载而已。至于梅辉立的研究，前文已有专门讨论。

历史学家矢野仁一是日本的中国近代史研究先驱，其著作《近代中国的政治及文化》[②]的第十一章标题为“关于近代火器传入中国”（“支那に於ける近世火器の傳來に就いて”），如图 2.6 所示。全文共 2 万余字（日文），因硝石的爆炸性能是火器火药的关键，所以非常注重考据硝石的历史。在此我们特别关注矢野所参考的一部重要著作，即美国传教士丁韪良（W. A. P. Martin，1827—1916）的《中国觉醒》(*The Awakening of China*)，

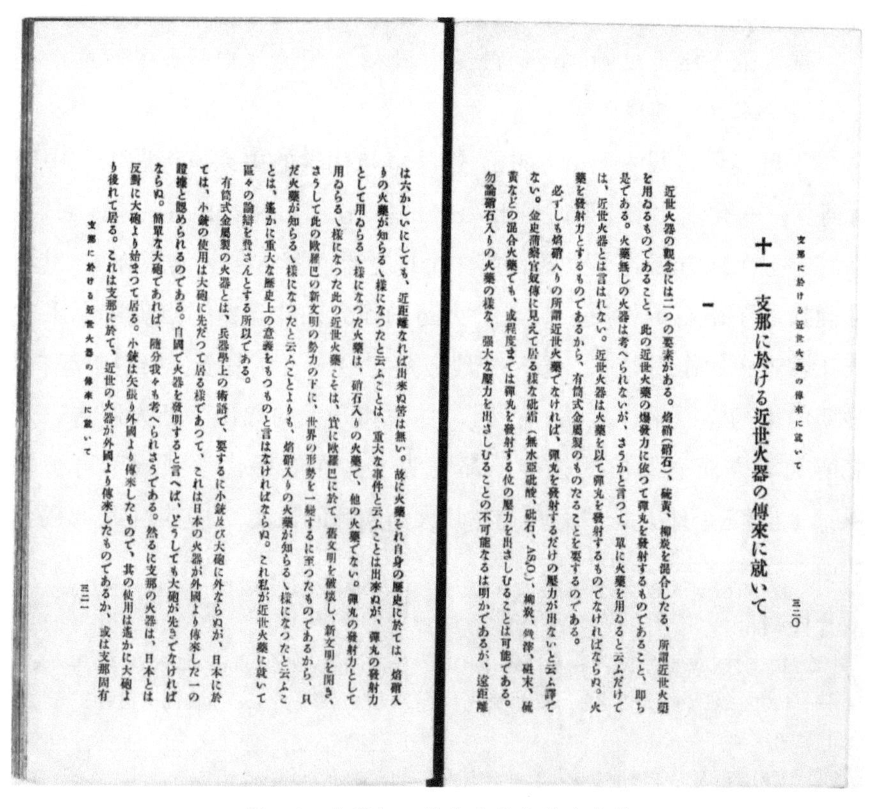
支那に於ける近世火器の傳來に就いて　三二〇

十一　支那に於ける近世火器の傳來に就いて

一

近世火器の觀念には二つの要素がある。焰硝(硝石)、硫黃、柳炭を混合したる、所謂近世火藥を用ゐるものであること、此の近世火藥の爆發力に依つて彈丸を發射するものであること、即ち是である。火藥無しの火器は考へられないが、さうかと言つて、單に火藥を用ゐると云ふだけでは、近世火器とは言はれない。近世火器は火藥を以て彈丸を發射するものでなければならぬ。火藥を發射力とするものであるから、有筒式金屬製のものたることを要するのである。

必ずしも焰硝入りの所謂近世火藥でなければ、彈丸を發射するだけの壓力が出ないと云ふ譯でない。金史蒲察官奴傳に見えて居る樣な砒霜（無水亞砒酸、砒石、$As_2O_3$）、柳炭、蝕滓、磁末、硫黃などの混合火藥でも、或程度までは彈丸を發射する位の壓力を出さしむることは可能である。勿論硝石入りの火藥の樣な、強大な壓力を出さしむることの不可能なるは明かであるが、遠距離は六かしいにしても、近距離なれば出來ぬ筈は無い。故に火藥それ自身の歷史に於ては、焰硝入りの火藥が知らるゝ樣になつたと云ふことは、重大な事件と云ふことは出來ぬが、彈丸の發射力として用ゐらるゝ樣になつた火藥は、硝石入りの火藥で、他の火藥でない。彈丸の發射力として用ゐらるゝ樣になつた此の近世火藥こそは、實に歐羅巴に於て、舊文明を破壞し、新文明を開き、さうして此の歐羅巴の新文明の勢力の下に、世界の形勢を一變するに至つたものであるから、只だ火藥が知らるゝ樣になつたと云ふことよりも、焰硝入りの火藥が知らるゝ樣になつたと云ふことは、遙かに重大な歷史上の意義をもつものと言はなければならぬ。これ私が近世火藥に就いて區々の論辯を費さんとする所以である。

有筒式金屬製の火器とは、兵器學上の術語で、要するに小銃及び大砲に外ならぬが、日本に於ては、小銃の使用は大砲に先だつて居る樣であつて、これは日本の火器が外國より傳來した一の證據と認められるのである。自國で火器を發明すると言へば、どうしても大砲が先きでなければならぬ。簡單な大砲であれば、隨分我々も考へられさうである。然るに支那の火器は、日本とは反對に大砲より始まつて居る。小銃は矢張り外國より傳來したもので、其の使用は遙かに大砲より後れて居る。これは支那に於て、近世の火器が外國より傳來したものであるか、或は支那固有

支那に於ける近世火器の傳來に就いて　三二一

图 2.6　矢野仁一著作中的火药史章节

① PARKER E H. Some new facts about Marco Polo's Book [J]. The Imperial and Asiatic Quarterly Review and Oriental and Colonial Record，1904，17（33-34）:125-149.

②（日）矢野仁一. 近代支那の政治及文化 [M]. 東京：イデア書院，1926：320-369.

其中写道："诸葛亮使用火药，要么用其恫吓敌人，要么用其传递信号，但从未使用它来射击炮弹。中国人知道火药的时期，也许与阿拉伯人用'中国雪'来称呼火药的时期相同。"其后作者做出了如下推断：

"中国人从事炼丹活动长达几个世纪，难说他们不会偶然发现一些这样的爆炸物。"①

这个闪现于1907年的著作中的，由炼丹活动去探究火药史的方法，事实上早在丁韪良1901年的著作《汉学菁华》（*The Lore of Cathay*，图2.7）中已经出现：

"硫黄、硝石和炭粉等火药的成分，炼金术士们一直都在使用，所以这种化学混合体的爆炸力终究会被发现，即使是偶然发现——尤其是火药中的这些成分并不需要固定的比例搭配。最早碰上这种机遇的就是中国人，因为他们是最早涉足炼金术这一领域的。"②

丁韪良还专设一章介绍中国炼丹术与化学的关系，标题为"中国炼丹术——化学之源"（Alchemy in China，the Source of Chemistry），并在其中三个地方提到了火药。第一个地方是"罗吉尔·培根在13世纪准确描述了硝石的性质，给出了火药的配方，并且差一点就解释了空气在燃烧中的作用"③。第二个地方是"中国人在冶金、染料与颜料、早期的火药、酒精、砒霜、芒硝、甘汞和升汞的知识、烟火制造以及麻醉剂等方面显示出的技能，都证明了其在应用化学领域不可被轻视"④。第三个地方是"梅辉立在其火药起源的论文⑤中谈道：'起码允

① MARTIN W A P. The awakening of China [M]. New York: Doubleday, Page & Company, 1907: 115-116.

② MARTIN W A P. The lore of Cathay [M]. Edinburgh and London: Oliphant, Anderson & Ferrier, 1901: 24.（美）丁韪良. 汉学菁华 [M]. 沈弘，译. 北京：世界图书出版公司北京公司，2009：4.

③ MARTIN W A P. The lore of Cathay [M]. Edinburgh and London: Oliphant, Anderson & Ferrier, 1901: 46.

④ MARTIN W A P. The lore of Cathay [M]. Edinburgh and London: Oliphant, Anderson & Ferrier, 1901: 65.

⑤ MAYERS W F. On the Introduction and use of gunpowder and firearms among the Chinese, with notes on some ancient engines of warfare, and illustrations [C] // in Journal of the North-China Branch of the Royal Asiatic Society, Vol. Ⅵ., 1869—1870. Shanghai: Kelly & Walsh, 1871: 81.

24 THE LORE OF CATHAY

The author of the *Liao Chai*, a popular story book compiled about two centuries ago, describes a tube into which a message might be spoken and conveyed to a distant place, when on the removal of a seal the words become audible. I am not going to champion Chiang Hsien-shêng against Mr. Edison, as the inventor of a phonograph. His specifications are too few and vague to pass muster in our patent office. Like many anticipatory hints to be found in the literature of other countries this fanciful outline seems rather to indicate the consciousness of a want than to show the way in which the problem was to be solved.

Discarding fancy, we shall confine ourselves to solid ground, and after vindicating for the Chinese the honor of discovery in two or three important arts, we shall indicate in a few words what they have done in the less familiar domain of science.

I. 1. Gunpowder, which Sir James MacKintosh brackets together with printing as securing our civilization against another irruption of barbarians, is, in my opinion, to be set to the credit of the Chinese. The honor is contested by English, German, Arab and Hindu; nor is it impossible that the discovery may have been made independently by each. Its ingredients, sulphur, nitre and carbon, were in constant use by alchemists, and it was inevitable that the explosive force of the compound should be found out if only by accident—especially as no fixed proportion is required. The first to meet with this happy accident would be the Chinese, who were the first experimenters in the field of alchemy.*

The pretentions of Schwartz and Roger Bacon need not be discussed on account of their comparatively recent date. As for the Arabs, they were transmitters, not

* See chapter III.

CHINESE DISCOVERIES 25

inventors. The only people who can seriously compete with the Chinese are the Hindus. Their knowledge of gunpowder is certainly of great antiquity, but their ancient dates are difficult to fix, and the balance of evidence as to priority appears to be in favor of China.

One of the weightiest documents bearing on the question is a paper set for a metropolitan examination about twenty years ago. The answers given by the candidates would be of little worth; but the facts stated or assumed in the questions are of great value, emanating as they do from the chief examiner, one of the most learned men in the Empire.

"Fire-arms began with the use of rockets in the dynasty of Chou (B. C. 1122-255)—in what book do we first meet with the word *p'ao*, now used for cannon?"

"Is the defense of Kai Fêng Fu against the Mongols (1232) the first recorded use of cannon?"

"The Sung dynasty (A. D. 960-1278) had several varieties of small guns—what were their advantages?"

These three questions all relate to fire-arms. They imply an explosive, but it does not follow that such explosive was always employed to discharge projectiles. Indeed the rockets referred to can scarcely be reckoned as projectiles, being used for signals or for festive display, rather than as weapons of war. The famous siege referred to in the second question was more than a hundred years earlier than the first incontestable use of cannon in Europe (1338).

If we turn to the *Ko Chich Ching Yuan*, "The Mirror of Research", the best Chinese authority on the subject of invention, we obtain a little light on the transition from signal rockets to fire-arms properly so-called. The

图 2.7　丁韪良对火药起源的探讨

许我们做出如此的推断，即那些开创了追寻哲人石与长生不老药之路的婆罗门化学家们，可能就是最先发现将硝石和硫黄混合而产生的神秘力量的人。'" ①

可见，丁韪良并未继续将火药起源与中国古代炼丹术之间联系的研究进行下去，也未得出关键性的结论。笔者尝试揣度其中缘由，因该“为数千年汉学做史传”的著作的宏大的结构，不允许著者专门为火药起源如此一具体的课题而作更精细的考究；同时，丁韪良本人或许也没有足够充分地意识到这对火药史学方法的重大意义。然而，转引者矢野仁一，甚至再转述的陆懋德等学者，都未对此有更敏锐的察觉，从而与此最具突破性的研究方法失之交臂。

此外，矢野仁一也针对中国人对火药火器的研究，以及其中使用的史料进行了分析，譬如丘濬、方以智、赵翼等在火药起源问题上的观点

① MARTIN W A P. The lore of Cathay［M］. Edinburgh and London：Oliphant，Anderson & Ferrier，1901：69.

与结论。

按照文献资料来自中外的差别，陆懋德将他之前进行火药史研究的外国学者划分为两个“集团”：“集团一”为外文文献考证，其中最主要是对火药“培根发明说”的简单反驳。陆懋德引用了美国医学史家林恩·桑代克（Lynn Thorndike，1882—1965）的结论①，认为记载了培根火药配方的著作是“后人伪作，并非培根原著”②。虽然他随后还借用英国史学家霍伊兰（John S. Hoyland）③和威尔斯（Herbert George Wells，1866—1946）④分别在各自著作中对中国人发明火药的简单叙述，但仅凭此二句未经论证的观点，以及对培根为火药发明者的否定，陆懋德就“草草”推论：因为培根发明火药证据不足，所以西方人就只能认定火药是中国人的发明了⑤！

“集团二”为庄延龄、梅辉立及矢野仁一。他们对火药起源的学说虽不尽相同，但其考证所用的基本史料，都出自中国古代的史籍记载，这与陆懋德的《中国人发明火药火炮考》达到了研究对象的一致。

因此，陆懋德的火药史研究是以在他之前的中（邱濬、赵翼、梁章钜等）、外（庄延龄、梅辉立、矢野仁一等）相关研究为基础，在史料上进一步挖掘与扩展（“广其未备、著其切要”），并得出自己的观点与

---

① 陆懋德引用了桑代克1923年著作中题目为“罗吉尔·培根与火药”（Roger Bacon and Gunpowder）的“附录”（Appendix II），详见THORNDIKE L. A history of magic and experimental science: during the first thirteen centuries of our era [M]. New York: Columbia University Press, 1923。事实上，该部分研究已于1915年发表于《科学》（*Science*）杂志上，详见THORNDIKE L. Roger Bacon and gunpowder [J]. Science, New Series, 1915, 42 (1092): 299-800.

② 陆懋德. 中国人发明火药火炮考 [J]. 清华学报，1928，5（1）：1490.

③ HOYLAND J S. A brief history of civilization [M]. London: Oxford University Press, 1925: 66. 文中提道：“中国人在技艺与科学方面的发展令人惊叹。他们建立了强大而繁荣的对外贸易，并且最先发明了航海罗盘、火药以及印刷术。”

④ WELLS H G. The outline of history, being a plain history of life and mankind, the fourth edition [M]. New York: P. F. Collier & Son Company, 1922: 790. 文中提道：“（成吉思汗的）队伍被充分武装，也许那次围城中还使用了枪炮和火药。因为此时（1218年）中国人确然在使用火药，而蒙古人从他们那里学习到了如何使用。”

⑤ 陆懋德. 中国人发明火药火炮考 [J]. 清华学报，1928，5（1）：1490.

结论（“断以己意”）——火药的“中国发明说”。依据这个特点，本书特将陆懋德在其论文中采用之史料分为“沿用”与“扩展”两部分，分别进行统计对比，如表2.2所示。

表2.2 陆懋德引用史料对比

| 沿用史料 | 扩展史料 | 论证目的与结论 |
| --- | --- | --- |
| 《物原》（“轩辕作砲”，引自《格致镜原》）<br>《史记集解》（范蠡飞石） | 《诗经·大雅》（“殷商之旅，其旝如林”）<br>《说文》（对“旝”字释义，解为以机发石）<br>《左传正义》（“旝动而鼓”，以旝为发石） | a.《物原》的说法完全没有根据<br>b.砲在周代已经出现，但仅是抛石机而已 |
| 《后汉书》（曹操“霹雳车”）<br>《三国志》（曹操“发石车”） | 《魏氏春秋》（曹操“因传言‘旝动而鼓’，于是造发石车”）<br>《三国志》（魏国人用发石车破诸葛诞攻城具；扶风、马钧改良发石车） | a.曹操的发石车，就是周人所用之“旝”<br>b.马钧改良了周代而来的发石车 |
| 《南史·黄法𣰰传》（黄法𣰰用“礮”攻打历阳）<br>《唐书》（李密“将军礮”、李勣“列抛车，飞大石”、李光弼“作大礮，飞巨石”）<br>《资治通鉴》（周世宗用礮）<br>《宋史》（张雍发石机守梓州；魏胜置礮石守海州）<br>《金史·强伸传》（强伸创遏礮） | 《宋史·太宗纪》（“帝督诸将以发石机攻城”）<br>《宋史·兵志》（刘永锡制手砲）<br>《宋史·卢斌传》（设机石）<br>《宋史·孟宗政传》（“募砲手击金人，一礮辄杀数人”）<br>《元史·唆都传》（唆都“以礮石攻城”） | “由六朝至宋、金、元时代，多以石砲为攻城之通用利器也。” |
| 《海蝤船赋》（“采石之战，虞允文霹雳礮”） | | a.霹雳炮是中国人用火药炮的开端<br>b.霹雳炮并非攻城火炮 |
| 《宋史·魏胜传》（魏胜“创砲车，施火石，可二百步”） | | 因为用车载砲，所以这种砲应该即为攻城火炮，而发射距离能达到二百步，应借助于火药的爆击力 |
| | 《宋史·兵志》（“突火枪”） | 这种火药武器已经颇为先进，但“惜其详不可考矣” |

续表

| 沿用史料 | 扩展史料 | 论证目的与结论 |
|---|---|---|
| | 《宋史·兵志》(“回回砲”) | 宋人在元人之前已用回回砲 |
| | 《宋史·张顺传》(张顺“用舟置火枪火礮结方阵”) | 襄阳围城战中，除使用火炮，还使用了火枪，而这种火枪应该是“突火枪”的形态 |
| | 《宋史·马塈传》(娄钤辖“拥一火礮，然之声如雷霆”) | 这应是一种“手掷小礮”，但“其形制惜不能详” |
| | 《金史·郑家传》[郑家以火礮掷敌(宋人)] | a. 这也应是一种“手掷小礮”<br>b. 宋人在当时已经熟知火炮的用法<br>c. 宋金之时，“火礮”的说法已经相当普遍 |
| 《金史·蒲察官奴传》(“以火枪破敌”) | | 纸火枪与竹火枪比较起来又有进步 |
| 《金史·赤盏合喜传》(“震天雷”“飞火枪”) | 《金史·完颜讹可传》(“震天雷”) | a. 震天雷是铁质火炮<br>b. 金人用震天雷，其体积应该相当庞大，填充火药量多，所以才可发出巨响<br>c. 震天雷应该出现在蒙古人用回回砲之前 |
| 《元史·阿里海牙传》(西域人亦思马因献“回回砲”破襄阳) | | |
| | 《元史·伯颜传》(伯颜以“火礮与弓弩并用”攻打临安) | 之所以用弓弩助力火炮，是由于当时军中火炮量少，而其原因应由于火炮的形体巨大，导致行军不能太多携带 |
| | 《元史·张荣传》(张荣“率砲手军以火礮焚城中民舍”，“又以火礮攻杨逻堡”) | 所谓“砲手军”，是具有相当技能的炮队 |
| | 《元史·李庭传》(李庭“引壮士十人持火砲夜入其阵”) | 十几人所持火炮，应是小型的“手掷礮” |

续表

| 沿用史料 | 扩展史料 | 论证目的与结论 |
|---|---|---|
| | 《元史·阿喇卜丹传》(阿喇卜丹“造大礮立于五门”) | |
| 《元史·伊斯玛音传》(置回回礮于襄阳城东南隅) | | |

表2.2中陆懋德共列出35条史料(包括15条沿用史料和20条扩展史料),围绕火药火器的出现及演进进行了探索,其结论主要为两部分。

(1)火药火器出现时期的先后顺序为宋、金、元。

(2)火药火器出现的形制依次为“霹雳砲”(纸炮)、“突火枪”(竹管枪)、“震天雷”(铁炮)、“回回砲”(大型射击炮)。

比之前文所述明清两代,以及国外由中国史籍入手的火药史研究(主要为梅辉立),陆懋德仅通过扩充史料,清晰化了“霹雳砲”和“震天雷”等火炮的形制,但并未提出更具创新性的结论;同时,在研究方法上,也未对梅辉立提出的“烟火史”角度的另一途径有足够认识与突破,而是固守了将火器史与火药史唯一对应的方法。因此,其论文的主要部分,仍然停留在为过去研究进行“润色”的阶段。

火药史研究从明代发端,至陆懋德的专论已历经300余年。火药史学中最重要的问题——“火药起源说”仍被众说纷纭。究其原因,史料挖掘故为根本,但研究方法不得改善与创新,方是症结所在。正因如此,火药史学在民国时期已经陷入了“虽深挖史籍而不得突破”的“困境”中。

作为一代史学大家,陆懋德对此研究“困境”又具有某种程度的洞察,并尽力为其解决做出了尝试:他认识到火枪、火炮仅是火药的实用形式,尽管他通过为火器治史时,由中国古代石砲到火炮的转换节点“断定”了火药最早参与军用的时间(12世纪的宋金之战),也结合了北宋《武经总要》内出现3种火药配方的确凿证据，从而通过与西方的对比[①]，得出了中国人最早应用火药武器的推断；更进一步地，陆懋德得到来自《大学衍义补》的启示，考证出了当代苏味道《元夕诗》内“火树银花”的诗句[②]。但是，火药这种混合物究竟“始于何时，始于何人”的最核心问题，仍旧悬而未决。

① 陆懋德引用美国史学家克罗斯（Arthur Lyon Cross，1873—1940）的研究结果，认为英国人最早于1346年的“克雷西战役”（Battle of Crécy）或“加来之围”（Seige of Calais）中使用了火药。参见 CROSS A L. A history of England and Greater Britain [M]. New York: The Macmillan Company，1914：218.

② 方以智在《物理小识》中，以及梅辉立在其火药史论文中，都已涉及了唐代的“火树银花”之说。因此，陆懋德该项考证应当源于此二者；苏味道的诗《正月十五夜》原文为：“火树银花合，星桥铁锁开。暗星随马去，明月逐人来。游妓皆秾李，行歌尽落梅。金吾不禁夜，玉漏莫相催。”

# 第三章

# 曹焕文火药史学研究

## 一、曹焕文火药史研究背景

在展开火药“全史”的研究以前，曹焕文先对当时国内外研究进行梳理，并主要将西方的研究总结为：

“兹先由西文书籍探讨，将各家记载综合而言，其中涉及火药者，皆谓西历六六八年，亚剌伯人攻君士坦丁堡（Constantinople）之际，所用希腊火（Greek fire）或海火（Sea fire）系为火药之类似品，称为火药之前身；次谓英人白肯氏（Roger Bacon）于西历一二四九年之著作内，有火药之组成，以论述火药。其内隐忍迷离之处，系白肯氏恐人得此智识，以摧残人类，故以隐语出之，令人不能揣得其究竟。后则称西历一三一三年，德国福来堡（Freiburg）之僧人博尔讨鲁特斯瓦兹（Berthold Schwarz）研究白肯之著书，亲加试验，于是发明黑色火药，以应用于枪炮，其年代有谓一三一三年者，亦有谓一三五四年者，并有谓一二六〇年者。年月虽不能考定，然此即所称今日黑色火药之始祖也。”①

曹焕文的叙述中包含了三种与火药起源相关的学说，分别为“希腊火说”“培根说”及“施瓦兹说”，但他并未对所参阅之“西文书籍”有标注，因此笔者试从本书第二章对西方部分论著的简单归纳中，探求曹

① 曹焕文．中国火药之起源［J］．航空机械，1942，6（8）：30-31.

焕文对西方火药发明说的考查之来源：

（1）“希腊火”（或“海火”）事实上早在希腊人马克（Marcus Grecus）著《焚敌火攻书》（*Liber Ignium ad Comburendos Hostes*，1257）之前已有传说。1845年，拉努（Reinaud）与法伟（Favé）的专著《希腊火攻法及火药之起源》则已驳斥了希腊火是火药的论述。然而，曹焕文可能不擅长阿拉伯文，且如上二种为极稀缺的早期文献，不可能被其直接参考到。他对“希腊火说”的描述应源自普遍流行于西方火药史研究著作内的传说。

（2）罗吉尔·培根发明火药的学说，主要出自海姆1904年所著《火药与军火》（*Gunpowder and Ammunition*）或1915年择要形成的《火炮之来源》（*The Origin of Artillery*）。曹焕文明确地谈到培根“隐忍迷离”的火药配方，以及“培根说”者对此的肯定，都是显而易见的“海姆式”论调。

（3）施瓦兹发明火药的传说也由来甚久，详细考察其史学史的起点颇有难度，但从曹焕文所列3种可能的发明时间——“1313年、1354年、1260年”可以详查出，在火药“施瓦兹发明说”的研究权威与主要提出者——德国炸药学专家古特曼所著《爆药的制造》（*The Manufacture of Explosives*）以及*Monumenta Pulveris Pyrii*中，完整地描述了前两种时间（即1313年与1354年）的出处：①古特曼认为施瓦兹的大名是所有传说的火药发明者中最重要的，因为“15和16世纪的学者们普遍将施瓦兹认作是火枪的发明者，但他们对于发明日期却持有不同观点：最常见的是1380年，此外也有1354年、1390年、1393年的说法”[①]。②“大多数学者赞同是施瓦兹率先发明了火器，但由于‘何人发明了火药’的问题无从考证，也许将此殊荣归于施瓦兹也说得过去。……1354年曾被认为是这项发明的日期，这也是由弗莱堡（Freiburg）墓碑的碑文所推断出的。然而，英国在1344年毫无疑问地拥有了火药和火炮，而可靠信息证明，法国在1338年、佛罗伦萨在1326年都拥有了火枪，1325年

① GUTTMANN O. The manufacture of explosives: a theoretical and practical treatise on the history, the physical and chemical properties, and the manufacture of explosives [M]. London: Whittaker and Co., 1895: 11-12.

一本名为‘*De officiis regum*’的牛津手本（Oxford manuscript）中也出现了火枪的图片。因此，施瓦兹必定生活在远比1354年早的时期，才可能成为火药或火枪的发明者。”[①] ③有位名叫伦兹（P. A. Lenz）的学者在一部历史手稿内看到一段不同寻常的记载：“1313年：在这一年，德国的一位修士首先发明了火枪。”[②] ④古特曼对火药发明用于火器的过程进行考查后，得出一段简单结论：“阿拉伯人可能在1280年左右发明了最早的火药类似物[③]，而利用其推进力的火枪与火砲的发明，则源于弗莱堡的修士施瓦兹，时间大概在1313年左右。”[④]

综上，尽管曹焕文未标注其参考的西方书籍的详细目录，但海姆著作对罗吉尔·培根和“希腊火内不含硝石”的论述，以及古特曼对施瓦兹的探讨结论，都与曹焕文的描述相吻合。因此，虽然在古特曼的研究中未能查询到关于施瓦兹在“1260年”发明火药的说法，但其对施瓦兹作为火药发明人的史学结论，被后来诸多相关研究所参考，例如1911年的《不列颠百科全书》（*Encyclopedia Britannical*，卷12，第727页）在“Gunpowder”词条下全文引用了古特曼上述第2条对施瓦兹生活时期的考证等。因此，曹焕文是否直接参考了上述原著的学说，本书虽不能确切定论，但火药史学启蒙时期的发明学说，尤其是其中的“培根说”与“施瓦兹发明说”，其影响则可见颇为普遍。曹焕文在日本留学期间开始关注火药史并搜集相关资料，因此还提到了日本火药学权威西松唯一对火药史的几处观点：

“次由日本火药界泰斗西松之著书而言，据称火药最初之起源，漫不可考莫可追究，希腊火似为火药之最初者，其白肯氏及博尔讨鲁特氏等一如欧书之论述，不过生一疑点称火药或

① GUTTMANN O. Monumenta Pulveris Pyrii：reproductions of ancient pictures concerning the history of gunpowder，with explanatory notes［M］. London：The Artists Press，1906：6.

② GUTTMANN O. The manufacture of explosives：a theoretical and practical treatise on the history，the physical and chemical properties，and the manufacture of explosives［M］. London：Whittaker and Co.，1895：14.

③ 此处指希腊火。

④ GUTTMANN O. The manufacture of explosives：a theoretical and practical treatise on the history，the physical and chemical properties，and the manufacture of explosives［M］. London：Whittaker and Co.，1895：16–17.

由中国发明，因为中国适于硝土之产生。”[1]

由此亦可见海姆及古特曼的学说在史学界影响之广泛。笔者查西松唯一著作《火药学》内有如下说法：

> “硝石自古采集自寺庙、人家以及牲畜棚舍等内的泥土，用水溶解出，再添加灰汁，去除其中的碳酸石灰，煮沸后放冷，就可结晶获得了。中国由于风土的便利，自古就出产许多硝石，因此有火药创始于中国的说法。”[2]

正因硝石与中国之间密切的关系，西松才对火药可能发明于中国产生了一些认同，并且认为蒙古军队在公元1232年所用“震天雷”是中国火药的最初形态[3]。即便如此，在曹焕文看来，国外的火药史学主流仍是欧洲发明学说，这与陆懋德的认识是一致的。但在中国人如何看待火药起源的问题上，曹焕文和陆懋德二人却存在明显的分歧：陆懋德认为“培根发明说”在证据上站不住脚，西方人便将火药的发明权赋予中国；而在曹焕文的观察中，不仅凭借强盛国力而占据国际话语权的诸多西方学者，不会主动而轻易地将火药的发明权拱手送给近代衰弱的中国，反之，即使是中国本土学者，亦大都在火药相关著作内介绍“史略”的章节中，照抄西方的论调，“希腊火、白肯氏、博尔讨鲁特氏等，毫不敢加以怀疑，而否认之”。相比起来，曹焕文的分析显然要更加符合历史逻辑。此外，他也引用了“国立编译馆呈教育部之呈文”，通过将其中涉及火药发明问题的调查与同时期的其他国内火药史研究进行比较，认为这段呈文已属“详细”。笔者从1935年7月1日的《国立编译馆馆刊》第3期（图3.1）中查得该“呈文”原文如下：

> “按奉钧部训令第四六〇四号内开：‘准外交部国字第三一九一号公函，以美国欧海欧洲黑柯汽车公司函我驻美使馆，征求关于航空知识之材料，检同原件，请核办见复等由；查原函内向本部征访事项，系经航国家之历史地理知识，如中国长城位置，飞鸢、火药之发明地等，合行令仰该馆，即

① 曹焕文. 中国火药之起源［J］. 航空机械，1942，6（8）：31.

② （日）西松唯一. 火药学［M］. 东京：共立社，1932：5.

③ 曹焕文. 中国火药之起源［J］. 航空机械，1942，6（8）：31.

就上开事项，查明具复，以凭转复。外交部公函，随令抄发。此令’等因；奉此，查我国长城，……。至中国火药始于何时，作于何人，史阙未详。有称为系三国时代魏马钧所发明者，亦不过制为爆仗与火箭而已。至隋唐时代，多以火药为烟火，为杂戏技耍之一种。至宋代，始以火药制砲为战具。北宋真宗咸平三年（纪元一千年），唐福献火箭、火珠、火蒺藜，其用益广。仁宗康定间（纪元一千〇四十一年），曾公亮等奉敕撰《武经总要》，内有火药制造法，详载用焰硝、硫黄、砒霜、木炭末等物。由此可知火药发明，必在北宋以前。至南宋高宗绍兴三十一年（纪元一千一百六十二年），虞允文于采石之战，又以火药制霹雳炮。其法以纸为之，实以石灰、硫黄投水中，而火自水中跳出，纸裂而石灰散为烟雾眯敌人马，大破金师，实为中国用火药砲之始。而西洋战争用火药，则约在元顺宗至正六年（纪元一千三百四十年），实比中国后二百余年，此长城位置及飞鸢、火药发明之大略也。

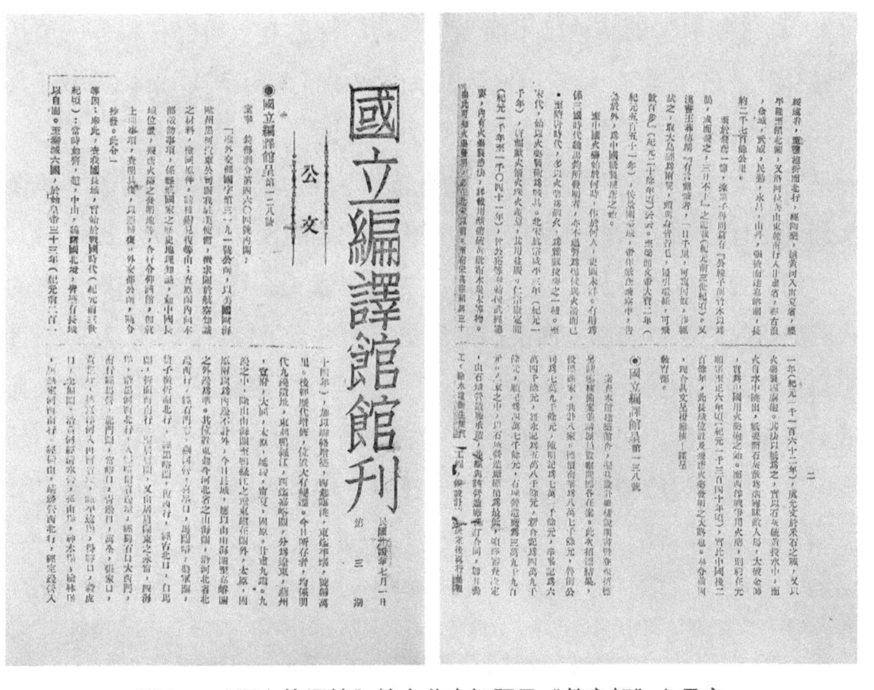
國立編譯館館刊

公文

●國立編譯館呈第一二八號

图 3.1 “国立编译馆”就火药史问题呈“教育部”之呈文

奉令前因，理合具文呈覆鉴核！谨呈教育部。”[①]

该“呈文”从四个方面“总结”了前人对中国火药起源问题的研究结论。

第一，对《物原》有关三国时期马钧发明的爆仗与火箭中是否含火药，持有怀疑。

第二，隋唐之际的烟火，已是火药燃烧物（该结论应基于《物理小识》等著作内所记唐代“火树银花”，以及《物原》内隋炀帝“火药杂戏”等的说法）。

第三，公元1000年“唐福献火箭、火珠、火蒺藜”（应基于《宋史·兵志》的记载[②]，或《格致镜原》及其后研究的相关史料引用），而《武经总要》内有详细的火药方，证明军用火药必出自北宋以前。

第四，公元1161年[③]，宋金采石之战中的“霹雳砲”是中国火药火炮的开端。

值得注意的是，曹焕文在引用该呈文时，已经明确表达了对“马钧发明说”的否定以及由之推论出《物原》并非严谨学术著作的观点：“而马钧一论，又生误解，仍不足以作学术之论据也。”[④] 此处实是一“伏笔”，即《物原》的结论已不能当作火药起源的有效研究材料——包括“轩辕砲”“吕望铳”“马钧爆仗”以及“隋炀帝火药杂戏”；倘要考证其中任何一种，则必须抛开《物原》而另寻史证。

通过对之前中外学者所提出火药起源不同学说的回顾与分析，曹焕文深刻地体会到了火药中所蕴含的巨大文化内涵及历史价值。因而对其起源的研究，也具有相当程度的时代与历史意义。曹焕文对当时国人的火药史研究之所以未能有所突破的历史原因进行了探讨，他认为，19世纪以后，西欧因处于世界科技中心而“自居发明之始祖”，但其对火药的起源无从考察，只能将古代的一些燃烧物“追认”为火药的前身；反观中国，因火药最初用于娱乐，同时工科在中国社会自古“居于末艺”，

① 国立编译馆呈教育部第一二八号［J］. 国立编译馆馆刊. 1935（3）：1–2.

② 《宋史》卷一百九十七《兵志·兵十一·器甲之制》中指出：“（咸平三年）八月（1000），神卫水军队长唐福献所制火箭、火球、火蒺藜，造船务匠项绾等献海战船式，各赐缗钱。”

③ “呈文”误将“南宋高宗绍兴三十一年”（1161）的公元纪年标识为1162年。

④ 曹焕文. 中国火药之起源［J］. 航空机械，1942，6（8）：31.

加之中国历代“文艺校士”不太注重科技的发展，对于专门的科技史料整理和完善全无兴趣，丝毫不加重视，以至于本属中国发明的火药的历史，随年代渐行渐远，进而失传了。而近世中国火药史的研究学者又都学自西方，对国故历史“本多隔阂”，只可依欧洲的言论进行“绍述”，而中国传统文明中火药的历史则渐渐“湮没不著于世”。

正基于此，曹焕文认识到，19世纪之前，“曾占千四百年之悠久时间，即在欧洲亦占六百年之独舞台”的黑色火药，“此乃中国人智之努力，聪明优秀之表现”，而欧洲19世纪之后出现的新式火药，“不过近五六十年之事实”，“亦实根据火药原理而演变，根本不出其范围”[①]。非但如此，他还进一步指出，“枪炮本亦由中国所发明而传往欧洲，但在今日火药尚有为三大发明之一之传说，枪炮弹类，中国人做梦也不敢自想象为我先祖先民所发明，久已拱手让之欧洲，若今日创此新说，殊骇人听闻，然实确有证据焉。”可惜的是，“因非本题[②]范围，故不赘述。当另草火器之起源以说明之。”[③]

对中国火药乃至火器起源的探索，不仅能够还历史之真实，打破西方中心之话语霸权，而且有助于振奋民族精神、恢复民族自信。这一点，曹焕文在《中国火药之起源》一文中反复谈到。在“考证之目的”一节中，他明确指出：“欲医治我国近代人士志馁气夺，甘居劣质之心理，不得不考证我先祖先民创造力之伟大，科学头脑之聪颖，恢复其自信力，振刷其精神，以期走上迎头赶上之途，此所以中国火药之起源，不得不加以研究而努力考证也。”[④]曹焕文因此满怀激情地期望：

> “然若由火药之起源，详加考究，将东西分途发展之史实，加以研讨，再对照以后日新式化合火药之出现，详加比较，深觉千数百年前有此伟大之创造，而又占千数百年之时间，创造之智力，殊为伟大！由此而观我中国后代人士可以觉醒，知我华族并非劣质，不可志馁，振刷精神，以从事科学之

① 曹焕文. 中国火药之起源［J］. 航空机械，1942，6（8）：32.

② 这里指《中国火药之起源》一文。

③ 曹焕文. 中国火药之起源［J］. 航空机械，1942，6（8）：35.

④ 曹焕文. 中国火药之起源［J］. 航空机械，1942，6（8）：32.

研究，安知不能再发明出更伟大之事物也。”①

强烈的民族自信激励着他在20世纪三四十年代的火药史研究，这项研究也是他留给今人的一份宝贵的精神财产。

## 二、曹焕文与新火药史学

### （一）曹焕文火药起源学说之“二重过渡”

前文已述，火药起源于哪个国家，以及火药是由何人发明，是整个火药史学的至关重要的问题。其他问题——尤其是火药由发源地向其他文化领域传播的问题，都须依赖于“起源说”这个核心才能解决。

曹焕文研究的入手点，并非如前人一样只瞩目于对火药兵器的诞生时期的历史探源。在《中国火药之起源》一文中，他对火药发明后的实用形态演变有如下论述：

> “火药自发现后，最初当然以烟火为目的；次扩开用途填入爆竹，而开药爆竹方面，于是爆竹与烟火并行于世，而作民间之娱乐，以作喜庆岁时之用焉。因爆竹及烟火之发达，诱导生出火器以应用于军事，于是火箭、火球、炸性弹、火枪、发射炮、各种杂火器，层出不穷，而火器之制大备矣！”②

可见曹焕文的基本观点为：火药的应用是沿民用到军用的路径，而非相反；但火药应用前之原始形态，才应被火药的起源研究所重点关注。因此，不论从烟火入手，还是从火器入手，事实上都已经颠倒了火药起源研究的对象。

以此为前提，曹焕文将对火药原始意义的探源作为其研究的起点：“火药究为何物？且何以产生出火药？非追源溯始，不能知其真切之根源”，并由“火”与“药”字分别在古典中的释义入手，引用汉代刘熙《释名》为“火”字定义，即“火，化物也，亦言燬也，物入即能毁坏也”，由此认为“火”字除了表意“发火”之外，还有“毁坏”“破坏”

① 曹焕文．中国火药之起源［J］．航空机械，1942，6（8）：37．

② 曹焕文．中国火药之起源［J］．航空机械，1942，6（8）：34-35．

之意；又分别引汉代史游《急就篇注》及《本草》为“药”字的定义：“草木金石鸟兽龟虫堪愈疾者，总名之曰药。”“药，疗也。”从而终于揭去覆盖在火药之上的“枪炮粉末”（gun–powder）的表象意义，揭露出“发火之药”（fire–drug）的本质内涵：

> “火字之为义，燬也。……药字之为义，疗也。……今火字与药字相拼合而为火药，以字义解释，当为燬坏性之药矣；按药本为治疗疾病之物，今反之以名于破坏之事物，其事至为失常，中间必有大道理。既此药非疗病之药，与原意不符，而何必用药名之也？其事极为可疑，颇费解释。后经种种之研究，始知火药之来源，完全与医药同出一源也，以故必须上行追溯古代药物学，以考证火药之根源。”①

至此，对“火药”这一“偏正词组”的起源研究，终于突破了数百年来中外学者只专注其“修饰语”——“火”（包括烟火与火器）的考察方式，将理解的重心移向了“中心语”——“药”，完成了火药史学中“火学”研究到“药学”研究的第一重过渡（图3.2）。

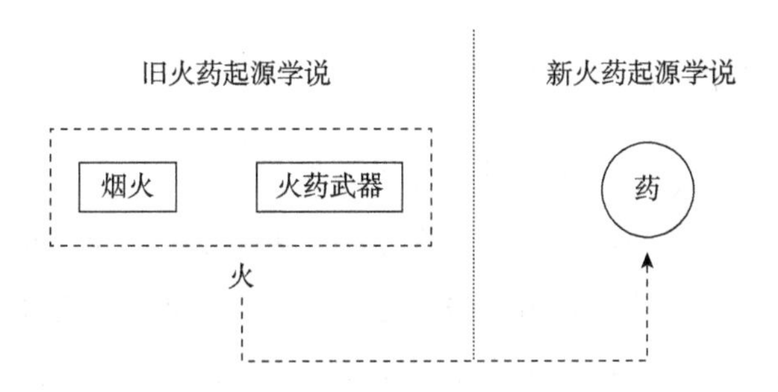


图3.2 新火药起源学说和旧火药起源学说分野标志示意图

随即，曹焕文将火药之“药”继续更加具象地由古代药物学史上去追踪，并基于对此种阴阳互化、对立统一现象的哲学洞见及其引发的思考与进一步研究得出：魏晋之际药物学的发达与炼丹术的大兴这二者的奇妙契合，滋生了火药在中国发明的技术温床：

> “盖我国为文明之古邦，对于医药之智识，启发极早；神

① 曹焕文．中国火药之起源［J］．航空机械，1942，6（8）：32.

农尝百草，已开医药之功能，后经周、秦、两汉之长期进步，到及魏晋之际，药物之学，益行发达，适于此时炼丹之术大兴，更促成药物化学之法进步及精密。炼丹术本以延年益寿、长生不老为第一目的，又以黄白转换、指石成金为第二目的，因人类有此欲望，于是驱向药物方面作深刻之研究，结果化学之操作大形进步，而药物之性能，俱有明确之认识，因此种药物之学进步，而逼到火药在技术上能产生出矣。”①

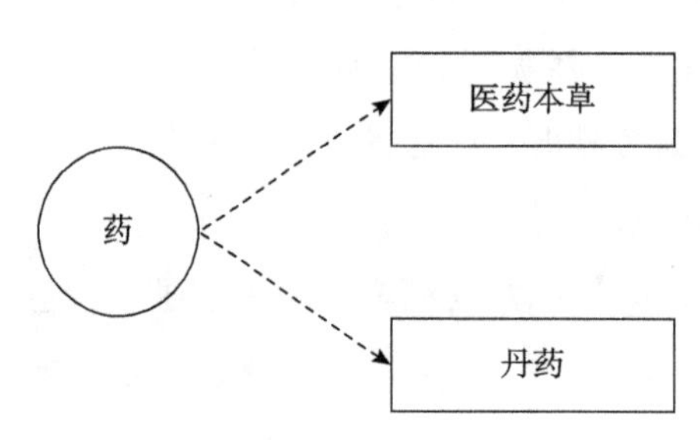


图 3.3　曹焕文火药史学将“医药”与“丹药”结合示意图

这段论述解释了传统药物学与道家丹药学在历史时空中的融汇期，即魏晋药学与炼丹术共同兴盛的时期，也是火药能在古代化学的范式下得以产生的时期。这就在逻辑上通过将“医药学”与“丹药学”进行结合，完成了曹焕文火药起源研究中由“药”及“丹”的第二重过渡（图 3.3）。

### （二）曹焕文火药起源学说之实证

经过对“火药”字源的深入分析，曹焕文认为：

“各种药物之中，与火药之产生有绝大关系者，首推硝石及硫黄；……此种硝石彩焰彩色之特性，及硫黄燃烧引火之效用，自南北朝公表于世，故下及隋代方能有火药杂戏之盛行，火药在初期，因系以火戏为目的，除硝石硫黄为主外，尚有木炭及其他各种可燃性之药物多种，共混合于其中，以发挥其彩色烟之效能，即其配方亦与疗病之药剂相仿，完全形式相同，骤然视之，不知其为毁坏之物品，恒轻认为疗病之药剂耳。”②

尽管曹焕文认为魏晋之际火药的发明在技术上已完全可能，但他对

① 曹焕文. 中国火药之起源［J］. 航空机械，1942，6（8）：32–33.

② 曹焕文. 中国火药之起源［J］. 航空机械，1942，6（8）：33.

火药具体发明于何时还是多有踌躇。首先，他否定了之前学者的“三国马钧”说，原因是这一说法最早见于明代罗颀的《物原》，而明人喜杜撰，“若只以《物原》为根据，将成笑话”。更主要的是，“以科学之进化律而言，在硝石发烟硫黄取火等特性，未明以前，决不能配合之使成火药”①；其次，对《荆楚岁时记》的“结烟火”也不敢肯定，“惜不知其详”②；最后，既然陶弘景（卒于536年）书中已载有硝石发火起烟之特性，同时据史载，北周建德六年（577），“齐后妃之贫者，以发烛为业”，“发烛，即熔硫黄于本片之取火物，至是其取火之特性亦公用于世矣”③。在曹焕文看来，最晚到577年前后，中国不仅有火药的应用，而且已公用于世了。这一年代不仅与《荆楚岁时记》很相近，而且与之后“火药杂戏”盛行的隋炀帝时代也相去不远。因此，曹焕文虽在《中国火药之起源》中提出：魏晋之际是火药发明在技术上最可能的时期，南北朝则是这一技术“公表于世”的时期，之后特别是隋代方能有火药杂戏的盛行，但却颇为遗憾地宣布：“南北朝隋唐时代之火药，药方已不可考。”④

由上论似乎可以看出，曹焕文由逻辑推理提出“火药应由魏晋时期炼丹家所发明”的结论后，并未能从古代文献中寻找到与火药成分相匹配的丹方记载，从而对其结论进行实证。然而，笔者在考查其《中国火药全史资料》手稿时，于第一册及第五册内发现了其列出的多种丹书及多位道士的名录，例如第一册第一页“参考之注意物□事项”的第八条：“范宗来、黎季犁、崔昉、甄权、独孤滔之生年。”第十条关于“《庚辛玉册》之年”的记录。第五册第二页再次列出的“范宗来，崔昉，甄权，独孤滔，韩保升”，以及史料摘抄部分对《遵生八笺》《淮南子》《证类本草》《炉火本草》《外丹本草》和《蜀本草》等丹药学及本草学著作的信息的抄录（图3.4）。

笔者认为其中最需关注的是道士独孤滔，道家丹书中标其名为撰者的有两种：《丹方鉴源》及《丹房镜源》。而据何丙郁（1926—2014）

①② 曹焕文. 中国火药之起源［J］. 航空机械，1942，6（8）：34.

③④ 曹焕文. 中国火药之起源［J］. 航空机械，1942，6（8）：33.

考证，后者乃为前者之“增删版本”[①]，并与另4部丹书《外丹本草》（崔昉撰）、《造化指南》、《宝藏论》以及《丹台录》同收录于《庚辛玉册》中[②]。又据王家葵教授的研究，《丹方鉴源》也被《证类本草》所引录[③]。

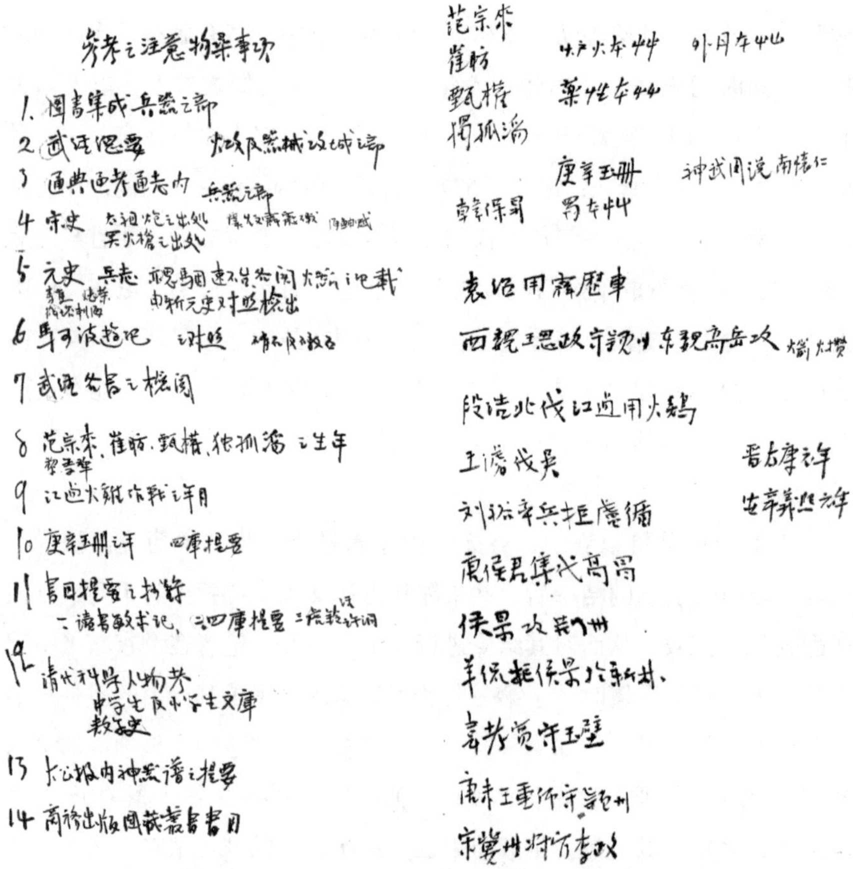

图3.4 曹焕文丹书考察记录手迹

（分别摘自笔者对《中国火药全史资料》手稿第一册与第五册的扫描本）

笔者此处生一疑问：曹焕文探求“崔昉”“独孤滔”及“《庚辛玉

① 何丙郁，苏莹辉.《丹房镜源》考［C］// 何丙郁中国科技史论集．沈阳：辽宁教育出版社，2001：23.

② HO P Y. Gengxin Yuce, the last significant Chinese text on alchemy［J］. 自然科学史研究，2000，19（4）：340.

③ 王家葵．炼丹家本草《丹方鉴源》考略［J］．中华医史杂志，1996，26（1）：56.

册》”年代的目的到底为何？倘若在这些丹书中一无所获，他还会继续追踪其与作者所处的具体时期吗？答案应该是否定的，也就是说，笔者怀疑曹焕文或许受到了此类相关丹书内“硝黄合炼”等炼丹活动的记载的启发，从而才有考证其年代的冲动。但是，他又出于何种考虑，未在论文中提及这些重要的炼丹著作以及由之产生的思考呢？笔者管见，曹焕文若最终考出“甄权”“崔昉”及“独孤滔”[①]尽为有唐一代的道士或医家，则其唐宋丹药之配方，也无法支撑其“火药源自魏晋时期”的推断。此即曹焕文“遗憾”之根源，也是其在《中国火药之起源》中未能论证火药发明之具体时期的原因。

### （三）曹焕文与现代火药史学之形成

1. 李约瑟火药起源初期学说

英国科学史家李约瑟（Joseph Needham，1900—1995）在抗战中参加重庆的中国农学协会年会时，发表过一个演讲——“中西科学与农业”（Science and Agriculture in China and the West），虽以中国农业为主要讨论对象，却提出了后来闻名遐迩的“李约瑟难题”的雏形：“我们可以用另一种方法来陈述此事，即近代科学事作为一个整体未在中国发展起来，而他却发展于西方——欧洲与美国，后者也是欧洲文明的延展之地。这其中的原因何在？”[②]“中国文明从古至今一直是基于农业的，但农业科学的兴起却发生在世界上（其他的）的工业国家里，这不是很奇怪吗？”[③]同时，他更将问题延伸至中国古代科技史的重要问题——有关火药起源年代的推断。笔者在查阅相关文献时，遇到了两处疑惑并由之引发若干猜测。

---

① 独孤滔在《丹方鉴源》与《丹房镜源》的多种版本内，皆被标为“唐”“宋”之人（参见何丙郁《〈丹房镜源〉考》一文，第1页至2页）。

② NEEDHAM J，NEEDHAM D. Science and agriculture in China and the west [C] //Science outpost：papers of the Sino-British science co-operation office，1942—1946. London：The Pilot Press Ltd.，1948：252.

③ NEEDHAM J，NEEDHAM D. Science and agriculture in China and the west [C] //Science outpost：papers of the Sino-British science co-operation office，1942—1946. London：The Pilot Press Ltd.，1948：254.

疑惑一：演讲时间问题。李约瑟该演讲稿于1944年以“中西之科学与农业”的题目被翻译并发表于《中国农学会通讯》[①]（图3.5）；而1947年翻译并收入《战时中国之科学》[②]时，其题目处标明演讲时间则为“一九四二年二月”（图3.6）；但次年（1948）出版的英文稿《科学前哨》（*Science Outpost*）却将同一篇演讲稿的时间（图3.7），记录为1944年2月！所以，后来的译著，例如1952年张仪尊依据已经出版的英文稿编译《战时中国的科学》[③]，以及1986年潘吉星编译的《李约瑟文集》[④]，都把李约瑟该演讲的时间定为1944年。

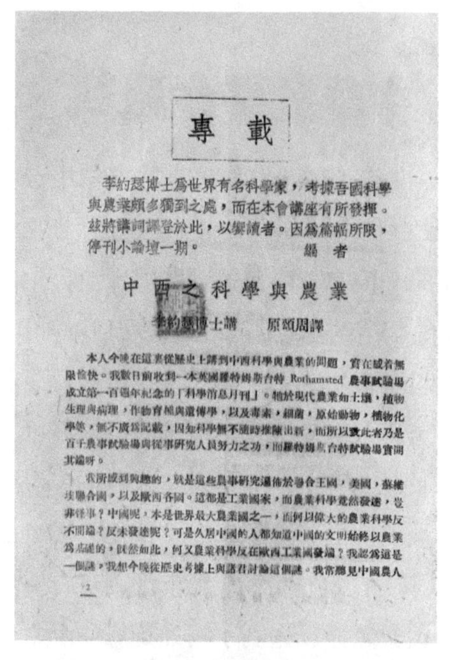

專載

李約瑟博士為世界有名科學家，考據吾國科學與農業頗多獨到之處，而在本會講座有所發揮。茲將講詞譯登於此，以饗讀者。因為篇幅所限，停刊小論壇一期。 編者

中西之科學與農業

李約瑟博士講 原頌周譯

本人今晚在這裏從歷史上講到中西科學與農業的問題，實在感着無限愉快。我數日前收到一本英國羅特姆斯台特 Rothamsted 農事試驗場成立第一百週年紀念的「科學消息月刊」。牠於現代農業如土壤，植物生理與病理，作物育種與遺傳學，以及毒素，細菌，原始動物，植物化學等，無不廣為記載，因知科學無不隨時推陳出新，而所以致此者乃是百千農事試驗場與從事研究人員努力之功，而羅特姆斯台特試驗場實開其端呀。

我所感到興趣的，就是這些農事研究遍佈於聯合王國，美國，蘇維埃聯合國，以及歐西各國。這都是工業國家，而農業科學竟然發達，豈非怪事？中國呢，本是世界最大農業國之一，而何以偉大的農業科學反不開端？反未發達呢？可是久居中國的人都知道中國的文明始終以農業為基礎的，既然如此，何又農業科學反在歐西工業國發端？我認為這是一個謎，我想今晚從歷史考據上與諸君討論這個謎。我常聽見中國農人

2

图3.5 《中华农学会通讯》（1944）译“中西之科学与农业”

中西科學與農業 1

戰時中國之科學

中西科學與農業

——對中國農業協會演講詞，重慶，一九四二年二月——

今晚我能在此地談談中西農業與科學歷史問題，這對於我是很大的欣幸。數月前我收到一期科學新聞月刊，慶祝設立在英國赫特福州（Hertfordshire）的一個聞名於世的饒薩門農業研究所(Rothamstead)成立一百週年紀念。這個月刊登載許多近代農業研究之各方面的工作——土壤研究、植物生理與植物病害研究、穀類遺傳與植物生育研究、病毒、細菌、原生動物及植物生命化學之研究。許多新的科學都由此發生，這種工作為成千成萬的研究員所進行，不少的是在美國仿照饒薩門模樣所設立的數百個農業實驗站中所工作的。

使我感覺興趣的，就是你們在英美蘇，實則在一般西方各國，都可見到這類研究所。農業科學在這些工業國家有很大的發展，豈不是很奇怪的事情？有人要問農業科學何故未在中國發展？何故他的發端不起於中國？中國為世界上最大的農業國之一。

當吾人住在中國愈久，愈可看出中國各種文明自始至終如何深厚的建築在農業上。農業科學之興起，不在中國而在世界各工業國家，實在是很奇怪的，這是一個矛盾現象。今天晚上，我就想和諸

图3.6 《战时中国之科学》（1947）译“中西科学与农业”

---

① 李约瑟. 中西之科学与农业［J］. 原颂周，译. 中华农学会通讯. 1944（36）：2–7.

② 李约瑟. 战时中国之科学［M］. 徐贤恭，刘建康，译. 上海：中华书局，1947：1–9.

③ 倪约瑟. 中西科学与农业［M］// 张仪尊. 战时中国的科学. 台北：中华文化出版事业委员会，1952：270–280.

④ 李约瑟. 中国与西方的科学和农业［C］// 潘吉星. 李约瑟文集. 沈阳：辽宁科学技术出版社，1986：86–95.

SCIENCE OUTPOST

PAPERS OF THE SINO-BRITISH SCIENCE CO-OPERATION OFFICE

(British Council Scientific Office in China)

1942—1946

*Edited by*

Joseph Needham, F.R.S.

*and*

Dorothy Needham, F.R.S.

LONDON
THE PILOT PRESS LTD
1948

SCIENCE AND AGRICULTURE IN CHINA AND THE WEST

*Address to the Chinese Agricultural Association at Chungking, Feb.,* 1944.

A few days ago I received an issue of *Monthly Science News* commemorating the hundredth anniversary of the foundation of the famous agricultural research institute of Rothamsted in Hertfordshire, England. It shows strikingly the wide range of work going on in modern agricultural research—the study of soils, of plant physiology and plant diseases, of crop genetics and plant breeding, of viruses, bacteria, protozoa, and the chemistry of plant life. Vast new sciences have been brought into being. And the work is carried on by thousands of investigators, not least in the hundreds of agricultural experiment stations in the U.S.A. founded on the model of Rothamsted.

What interests me with regard to these researches is precisely that you find them in the United Kingdom, the United States of America and the Soviet Union—in fact in the western countries in general. Is it not very odd that this great development of agricultural science should have occurred in these industrial communities? One may ask why it did not happen in China? Why did these great beginnings of agricultural science not arise in China; China, one of the greatest agricultural countries in the world?

More and more as one lives in China one sees how Chinese civilization has been based on agriculture from start to finish. Is it not queer that the rise of agricultural science should have taken place in the industrial countries of the world? This is a paradox. And my desire is to discuss with you this evening what is the meaning of this paradox. We must speak about science in agriculture in Europe and the U.S.A. from the historical point of view. It has often been said that the Chinese peasant was ahead of the countrymen in the West until recent times. While the countrymen of Europe were using wooden ploughs the Chinese people had iron ones, but when the people in Europe began to use steel ploughs, Chinese farmers still used iron ones and thus dropped behind. There is some truth in this general idea. What is the meaning of it? That I will discuss this evening.

We could state the matter in another way, if we say that in point of fact modern science as a whole did not develop in China. It developed in the West—in Europe, and in the U.S.A., that vast extension of European civilization. What is the reason for this? I want to

图 3.7 “Science and Agriculture in China and the West”
（采自 1948 年版 *Science Outpost*）

疑惑二：火药发明时间问题。在《中华农学会通讯》版的演讲译稿中，李约瑟两次提到火药是在中国“汉朝”发明的推断：

> “与炼丹术有关联的是火药的创制。我们知道中国发明火药是个事实，……岂知中国在汉朝已有鞭炮，北宋且已用作军火，这个时期还在西方士发次 Schwarz‘发明’火药二百年以前。想必汉朝炼丹先辈偶因误触火药而焚身，才知道火药的爆炸性啊。”①

《战时中国之科学》版译稿也同样记录了“汉代”的观点：

> “中国炼丹家与西欧炼丹家有相同之象征，这个象征，与火药之起源，颇有联系。……最早的火药之记载，确是发现于中国，追溯到汉代，……我们就发现如今日中国儿童常在街上燃放的烟火之初次记载，以后北宋人民，将其应用于战争上的时候，尚在斯瓦兹（Schwarz）发明火药之前约二百年。我想

① 李约瑟. 中西之科学与农业［J］. 原颂周，译. 中华农学会通讯，1944（36）：4.

火药必是最早的炼丹家在汉朝所偶然发现的，或许他们自己曾受其打击。”①

但是，《科学前哨》内该段相同的记述，则将火药发明年代写成了“唐代”（图 3.8）：

戰時中國之科學 4

中國煉丹家與西歐煉丹家有相同之象徵，這個象徵，與火藥之起源，頗有聯繫。每個人都猜想火藥是在中國發明的，但並不曾應用於戰爭上，後來西方人始應用之。最早的火藥之記載，確是發現於中國，追溯到漢代，我們就發現如今日中國兒童常在街上燃放的煙火之初次記載，以後北宋人民，將其應用於戰爭上的時候，尚在斯瓦茲（Schwarz）發明火藥之前約二百年。我想火藥必是最早的煉丹家在漢朝所偶然發現的，或許他們自己曾受其打擊。

我想再稍提及幾種經驗學在中國之進步。西方人常以爲中國是一純粹的農民國家，有很大的藝術傳統性，無工藝或科學歷史之可言。此種見解，如何的使我感覺不快！我可說點關於中國人在生物化學上之發現。自然，我對今日那些中國人不能同意，他們以爲在近代藥物中，『本草』仍然是一種重要的藥物系統。我想『本草』是一種歷史上草本植物巨大的搜集，並且我們確知其中有許多植物和藥材實際上在中國可以找出而爲西方所無者，例如有一種很有趣的藥，是從癩蝦蟆皮上得來的，含有一種化合物，與毛地黃屬之植物中所取出的毛地黃精，西人用作重要的強心劑相似。大致在這個很大的搜集中，每二十種草本植物，有一種可有固定的藥物價值，這是一種大的功績。但憑經驗所發現的藥物，還有其他的功績。缺乏病自然是近代人才有的觀念，這個，是我自己的指導者霍布金司爵士（Sir Hopkins）的貢獻。他的主要工作，就在如吾人今日所了解的生活素之顯示與發覺。缺乏生活素，即發生缺乏病，如脚氣病、敗血病等等。現在脚氣病，爲一種缺乏病，常有人謂是日本人在一八九七年所發現的。但是中國人感覺缺乏病之存在，遠在西元一二五〇年元朝時代，當時忽斯慧曾

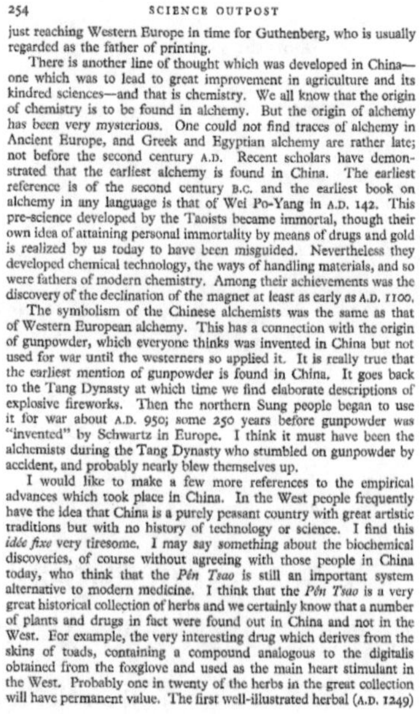

254 SCIENCE OUTPOST

just reaching Western Europe in time for Guthenberg, who is usually regarded as the father of printing.

There is another line of thought which was developed in China—one which was to lead to great improvement in agriculture and its kindred sciences—and that is chemistry. We all know that the origin of chemistry is to be found in alchemy. But the origin of alchemy has been very mysterious. One could not find traces of alchemy in Ancient Europe, and Greek and Egyptian alchemy are rather late; not before the second century A.D. Recent scholars have demonstrated that the earliest alchemy is found in China. The earliest reference is of the second century B.C. and the earliest book on alchemy in any language is that of Wei Po-Yang in A.D. 142. This pre-science developed by the Taoists became immortal, though their own idea of attaining personal immortality by means of drugs and gold is realized by us today to have been misguided. Nevertheless they developed chemical technology, the ways of handling materials, and so were fathers of modern chemistry. Among their achievements was the discovery of the declination of the magnet at least as early as A.D. 1100.

The symbolism of the Chinese alchemists was the same as that of Western European alchemy. This has a connection with the origin of gunpowder, which everyone thinks was invented in China but not used for war until the westerners so applied it. It is really true that the earliest mention of gunpowder is found in China. It goes back to the Tang Dynasty at which time we find elaborate descriptions of explosive fireworks. Then the northern Sung people began to use it for war about A.D. 950; some 250 years before gunpowder was "invented" by Schwartz in Europe. I think it must have been the alchemists during the Tang Dynasty who stumbled on gunpowder by accident, and probably nearly blew themselves up.

I would like to make a few more references to the empirical advances which took place in China. In the West people frequently have the idea that China is a purely peasant country with great artistic traditions but with no history of technology or science. I find this *idée fixe* very tiresome. I may say something about the biochemical discoveries, of course without agreeing with those people in China today, who think that the *Pên Tsao* is still an important system alternative to modern medicine. I think that the *Pên Tsao* is a very great historical collection of herbs and we certainly know that a number of plants and drugs in fact were found out in China and not in the West. For example, the very interesting drug which derives from the skins of toads, containing a compound analogous to the digitalis obtained from the foxglove and used as the main heart stimulant in the West. Probably one in twenty of the herbs in the great collection will have permanent value. The first well-illustrated herbal (A.D. 1249)

3.8 《战时中国之科学》与《科学前哨》分别对火药发明时期结论记述

"The symbolism of the Chinese alchemists was the same as that of Western European alchemy. This has connection with the origin of gunpowder, which everyone thinks was invented in China but not used for war until the westerners so applied it. It is really true that the earliest mention of gunpowder is found in China. It goes back to the Tang Dynasty at which time we find elaborate descriptions of explosive fireworks. Then the northern Sung people began to use

---

① 李约瑟. 战时中国之科学［M］. 徐贤恭，刘建康，译. 上海：中华书局，1947：4.

it for war about A.D. 950; some 250 years before gunpowder was "invented" by Schwartz in Europe. I think it must have been the alchemists during the Tang Dynasty who stumbled on gunpowder by accident, and probably nearly blew themselves up." ①

对于上述两处疑惑，在笔者有限的学术视界及阅读经验内，尚未见到有学者发现并给出专门研究见解。因此，笔者只能做大胆的猜测，由探微而直抒管见，试论李约瑟在研究中国科技史初期对火药起源时间问题的认识。

将上述三种著作对同一演讲稿的记载在演讲时间及火药起源年代进行对比，可得如表 3.1 所示之情形。

**表 3.1　三种著作记载结论对比**

| 时间 | 著作 | | |
|---|---|---|---|
| | 《中华农学会通讯》（1944） | 《战时中国之科学》（1947） | *Science Outpost*（1948） |
| 演讲时间 | 1944 年 | 1942 年 2 月 | 1944 年 2 月 |
| 火药起源时间 | 汉朝 | 汉朝 | 唐朝 |

可见，在"演讲时间"上，"1944 年"由于两部著作共同涉及而更可信。事实上，现代关于李约瑟战时在华活动的研究可谓成果颇丰。而对其初到中国的记载，都指向"1943 年 2 月"，他到重庆的时间为"1943 年 3 月"。因此，《战时中国之科学》所谓"1942 年 2 月"在重庆的演讲，就似乎成为一种显而易见的记录"失误"。然而，《战时中国之科学》开篇却登载了李约瑟于"一九四三年三月三十一日"专门为该书撰写的"自序"（图 3.9）。其中写道：

"我自从一年多以前，来到中国，不知曾经出席过多少次座谈会，交换中西科学之消息……这本论述，是我现在所收集

① NEEDHAM J, NEEDHAM D. Science and agriculture in China and the west［C］// Science outpost: papers of the Sine British science co-operation office, 1942—1946. London: The Pilot Press Ltd., 1948: 254.

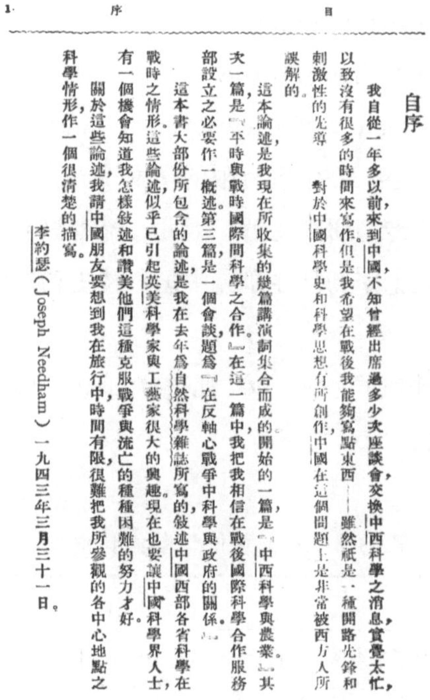

1· 序 目

## 自序

我自從一年多以前來到中國，不知曾經出席過多少次座談會交換中西科學之消息，實覺太忙，以致沒有很多的時間來寫作。但是我希望在戰後我能夠寫點東西——雖然祇是一種開路先鋒和刺激性的先導，對於中國科學史和科學思想有所創作，中國在這個問題上是非常被西方人所誤解的。

這本論述，是我現在所收集的幾篇講演詞集合而成的。開始的一篇，是『中西科學與農業。』其次一篇，是『平時與戰時國際間科學之合作。』在這一篇中，我把我相信在戰後國際科學合作服務部設立之必要作一概述。第三篇，是一個會談，題為『在反軸心戰爭中科學與政府的關係。』

這本書大部份所包含的論述，是我在去年為自然科學雜誌所寫的，敘述中國西部各省科學在戰時之情形。這些論述，似乎已引起英美科學家與工藝家很大的興趣。現在也要讓中國科學界人士，有一個機會知道我怎樣敘述和讚美他們這種克服戰爭與流亡的種種困難的努力才好。

關於這些論述，我請中國朋友要想到我在旅行中，時間有限，很難把我所參觀的各中心地點之科學情形，作一個很清楚的描寫。

李約瑟（Joseph Needham）一九四三年三月三十一日。

图 3.9 《战时中国之科学》载李约瑟“自序”

的几篇演讲词集合而成的。开始的一篇，是《中西科学与农业》……这本书大部分所包含的论述，是我去年为“自然科学杂志”所写的，叙述中国西部各省科学在战时之情形。……”①

这段话中两处提到的“一年多以前”和“去年”，与演讲稿所标时间进行了呼应，这说明 1942 年并非译者因失误所错标，而是严格遵循了“原稿”——包括李约瑟“自序”的时间逻辑。

但是，三部著作中共同记录了李约瑟在演讲开篇的一段话：

“数日前我收到一期《科学新闻月刊》，庆祝设立在英国赫特福州（Hertfordshire）的一个闻名于世的‘饶萨门农业研究所’（Rothamsted）成立一百周年纪念。”②③（A few days ago I received an issue of Monthly Science News commemorating the

①② 李约瑟. 战时中国之科学［M］. 徐贤恭，刘建康，译. 上海：中华书局，1947：1.

③ 李约瑟. 中西之科学与农业［J］. 原颂周，译. 中华农学会通讯. 1944（36）：2.

hundredth anniversary of Rothamsted in Hertfordshire, England.① )

通过查询英国 Rothamsted 研究所相关情况得知该所成立于 1843 年②，即其“一百周年纪念”当在 1943 年。因此，李约瑟在“1942 年”即收到纪念文集并进行演讲是不符合逻辑的。此外,《竺可桢日记》中 1944 年 3 月 13 日的一句记录清晰地呈现了李约瑟参加农学会的时间：

> “晚阅李约瑟二月间在中国农学会之讲演及 Nathaniel Peffer ‘Our distorted view of China’（吾人对中国的歪曲观点）文。”③

这就在演讲时间上，确切论定了是“1944 年”无疑。而《战时中国之科学》的“自序”与演讲译稿的“呼应”与“自洽”，在此只能继续留作“疑案”，或者对“自序”所标记“1943 年 3 月 31 日”的真实性产生怀疑。

在李约瑟认为火药发明于“汉代”或是“唐代”的问题上，两部中文译稿四处记为“汉代”，则可证明 1948 年“中英科学合作馆”在出版“官方的”英文稿前，原文应为“汉代”。经查,《科学前哨》收录李约瑟于 1943 年 6 月 10 日所写信件中，详细地记录了其在四川李庄与时任中央研究院历史语言研究所所长的傅斯年（字孟真，1896—1950）探讨中国火药史的情景：

> “我与黄兴宗在傅斯年处待过一晚（傅斯年的夫人是著名将领曾国藩的外孙女），我提出的大量有关科学史的问题引起了普遍的激烈反应，研究所的成员们纷纷提出他们所发掘的有意思的材料，例如，公元 2 世纪与爆竹相关的文献、大型爆炸的记载、公元 1076 年颁布的禁止向鞑靼人售卖火药的禁令，

---

① NEEDHAM J, NEEDHAM D. Science and agriculture in China and the west [C] //Science outpost: papers of the Sino-British science co-operation office, 1942—1946. London: The Pilot Press Ltd., 1948: 252.

② Rothamsted 历史介绍的网页（http://www.rothamsted.ac.uk/about-us/history-rothamsted-research）中提道：“Rothamsted is almost certainly the oldest agricultural research station in the world. Its foundation dates from 1843 when John Bennet Lawes, the owner of the Rothamsted Estate, appointed Joseph Henry Gilbert, a chemist, as his scientific collaborator.”

③ 潘涛. 从“雪中送炭”到“架设桥梁”——竺可桢 20 世纪 40 年代日记中的李约瑟 [J]. 广西民族大学学报（自然科学版），2007，13（3）：40.

这比西方施瓦兹声称的原始发现还早了2个世纪。"[①]

显然，其中所记"公元2世纪爆竹""公元1076年禁售火药"以及"比Schwartz早2个世纪"，与李约瑟在重庆农学会演讲的翻译稿中所记"汉代""北宋"和"比Schwarz早200年"的时间完全吻合，如出一辙。因此可以得出，李约瑟应是在20世纪40年代初形成了最早的针对火药发明的认识，即火药起源于中国汉代，与道士的炼丹活动有关。这个结论应来自他在1943年与傅斯年及历史语言研究所成员的交流，并在1944年重庆的演讲中提出。然而，该研究仅仅是李约瑟对中国火药史研究的起点，尚未有严谨的论证，所以其影响与他后来——主要在20世纪80年代发表和出版的论著无法比肩。而《科学前哨》中所载"唐代"的说法，则应是李约瑟在1948年出版《科学前哨》英文稿时"有意"进行的更改[②]。

2. 王铃的火药起源学说

曹焕文之后的火药史研究，最早具有重要成果者有二人，一是历史学家王铃（字静宁，1917—1994），一是公认的现代中国火药史研究奠基人冯家昇（字伯平，1904—1970）。

1940年，王铃由国立中央大学历史系毕业[③]，进入傅斯年主持的中央研究院历史语言研究所工作，由傅斯年指导，开始了火药史的研究。上文所述李约瑟在1943访问李庄时，傅斯年向其推荐了王铃，并促成王铃于1946年底赴英国剑桥大学留学。1948年，王铃开始协助李约瑟写作《中国科学技术史》（*Science and Civilization in China*），尤其是第五卷第七分册《军事技术：火药的史诗》，成为李约瑟最重要的合作者[④]。有人曾评价其重要性："没有李约瑟，王铃的一生将是另一番情景；

① NEEDHAM J，NEEDHAM D. Science and agriculture in China and the west [C] // Science outpost: papers of the Sino-British science co-operation office，1942—1946. London: The Pilot Press Ltd.，1948: 44.

② 李约瑟在《科学前哨》中对原文进行更改的情况另有例证，可参见刘广定. 傅斯年1946年的一篇佚文《送李约瑟博士返英国》[J]. 科学文化评论，2009，6（1）：68-72.

③《国立中央大学校刊》第10期（1944年5月16日）第7页"国立中央大学二九级毕业同学调查"在"文学院历史学系"条下载"王铃中央研究院历史研究所"。

④ 刘广定. 傅斯年：李约瑟《中国科学技术史》的促成者 [C] // 刘广定. 大师遗珍. 上海：文汇出版社，2008：169-170.

没有王铃，科技史的成效，决不会如此之快，成果如此之大。”①

1947年，王铃在国际科技史杂志*ISIS*上发表论文《火药火器在中国的发明及使用》②③，是火药史学史上极具意义的研究。刘广定认为该文“正是李约瑟《中国科学技术史》的缩影，采用了许多文献资料，提出新的观点，是盏引导后来研究者的明灯”④。

该论文主体分为4节：“火药的发明”（The Invention of Gunpowder）、“爆竹与烟火的发明”（The Invention of Fire-crackers and Fire-works）、“火器的发明”（The Invention of Fire-arms）、“火药知识如何传播以及传往何处？”（How and Where did the Knowledge of Gunpowder Spread?）。在“火药的发明”一节中，王铃由火药组分开始，通过在《切韵》（605）、《原本玉篇》（6世纪）、《字镜》、《万象名义》、《裨苍》（晋代）等古代字源典籍对“硫”与“硝”字进行搜索，推断此二成分“在晋、隋时期就被广泛认知并使用”⑤。而《史记》与《淮南子》中出现了硝石与硫黄的记载，则可进一步将中国人了解其特性的时间追溯至“公元前1世纪，甚至更早”。更重要的是，王铃认识到了硝与硫是道家炼丹中所用药物，并指出了在晋朝道书《抱朴子·内篇·黄白卷十六》中一段炼丹药方（“小儿作黄金法”）：

> “消石一斤，……流黄半斤，……皆合捣细筛，以醯和，涂之小筒中，厚二分。……居炉上露灼之，……”⑥

其中硝黄1∶2的配比方式，与火药配方相同。而将二者充分粉碎并混合置于密闭空间内，在极高温度下是很容易发现其爆炸力的。然而，丹书中并未记载该配方的起火及爆炸性，并可能出于“不可知的原

---

① 胡菊人．李约瑟与中国科学［M］．香港：文化、生活出版社，1978：328.

② WANG L. On the invention and use of gunpowder and firearms in China［J］. ISIS，1947（37）：160-178.

③ 主编乔治·萨顿（George Sarton，1884—1956）在文前特别说明，王铃的火药史论文是1945年2月23日由李约瑟从中国带回英国提交的。

④ 刘广定．傅斯年：李约瑟《中国科学技术史》的促成者［C］// 刘广定．大师遗珍．上海：文汇出版社，2008：170.

⑤ WANG L. On the invention and use of gunpowder and firearms in China［J］. ISIS，1947（37）：160.

⑥ （晋）葛洪．抱朴子内篇全译［M］．顾久，译注．贵州人民出版社，1995：415.

因而刻意把炭成分从配方中去掉”（抑或用醋代替炭）。因此，王铃未将火药发明就此定论，而又结合《太平广记》中两个道士炼丹起火爆炸的故事或传说，指出“尽管这些传奇故事不能作为火药爆炸力在当时即为人所知的明证，然而值得怀疑并注意，像这样类似的爆炸的报道在早期道家的著作中经常出现”[①]。在他看来，北宋《武经总要》内的火药配方才是确切无疑的。因此，在结论上，王铃认为：

> “总之，因此也许有人会说，公元前1世纪中国人就了解了火药的所有成分。有迹象表明，公元3世纪的炼丹道士们就懂得了这种混合物的爆炸性质，但是还未得到证实。11世纪时人们对这种混合物的知识已经有了清晰的认识，并且加以实际应用；因此，确切的发现火药的时间，应该在公元10世纪，或者更早。”[②]

也就是说，王铃不仅将火药起源与道士炼丹术联系在一起，还在道家丹书中找到了与火药配方非常相似的文献。但其最终结论，却更加谨慎地选择由确切记载了火药配方的宋代向前推断的方法，从而认为10世纪之前是真正火药发明的年代。

3. 冯家昇的火药起源学说

冯家昇于1927年结业于燕京大学历史系，1931年入燕京大学研究院继续深造，并于1934年获硕士学位后任教于燕京大学历史系，任东北史地及日本史讲师，是我国近代著名的民族史学家。他的火药史研究，始于1937年7月受美国华盛顿国会图书馆之聘，任该馆东方学部秘书一职[③]，以及1939年转至纽约哥伦比亚大学历史编纂处工作后，有机会接触到美国国会图书馆和哥伦比亚大学图书馆内数量庞大的火药火器史的外文资料（包括德文、法文、俄文、突厥文以及回鹘文等）[④]。更重要的是，冯家昇在哥伦比亚大学结识了著名汉学家富路特（L. Carrington Goodrich），并在富路特指导下于1944年合作写成了最早的由中国学者

---

① WANG L. On the invention and use of gunpowder and firearms in China [J]. ISIS, 1947 (37): 161.

② WANG L. On the invention and use of gunpowder and firearms in China [J]. ISIS, 1947 (37): 162.

③ 参见燕京大学历史系主办《史学消息》1937年第7期“本系消息”下的报道。

④ 群忠. 好学成癖的“文呆公”冯家昇 [J]. 图书馆界, 2001 (4): 58.

参与，并发表于外文学术刊物上的火器史论文。该文于1946年刊登于*ISIS*，题目为“中国火器的早期发展”（Early Development of Firearms in China）[①]。文章的主体是以清代赵翼、梁章钜和国外梅辉立、庄延龄、施古德、伯希和、亨利·玉尔以及民国陆懋德等人的研究为对比，肯定前人在火器史研究方面已经做出诸多贡献，但认为他们“在一些重要问题上却因迫不得已而使用了二手文献，或者不完整的引用”，从而将自己研究的目标设定为：“努力搜寻并引用那些同一时期的文献（其中一部分直到最近才通过重新印刷或影印才可以使用），并呈现出关于中国火器发展最早期的更加充实的证据。”[②]它也在事实上运用部分新的史料，得出几条中国人最早（1000—1403）发明、使用并发展火药武器的结论[③④]。

以此文章为火药火器史研究的起点，冯家昇先后发表数篇重要论文，如1947年的《火药的发现及其传布》[⑤]，1947年的《读西洋的几种火器史后》[⑥]，1950年的《回教国为火药由中国传入欧洲的桥梁》[⑦]，1955年收录于《中国科学技术发明和科学技术人物论集》的《火药的由来及其传入欧洲的经过》[⑧]等。

---

① GOODRICH L C，FENG C S. The early development of firearms in China［J］. ISIS，1946（36）：114-123.

② GOODRICH L C，FENG C S. The early development of firearms in China［J］. ISIS，1946（36）：114.

③ 这些重要的火器史结论为：a. 公元1000年左右，中国人拥有了抛火设备。b. 到公元1132年，填充了爆药的长竹筒已被使用。c. 公元1236年，已有一位女真将军从金属物中发射出炮弹。公元1259年，枪管内有了子弹并可通过触发火药而喷射出去。d. 公元1272年，蒙古人引进了新式的抛石机以及“回回炮”（又称“襄阳炮”或“西域炮”）终结了“襄阳围城”战役。e. 公元1274年，蒙古人在征伐日本时，据说使用的炮内能射出钢铁炮弹。f. 元末明初（14世纪下半叶）的火器类型陡增，明朝人不仅借此驱逐了蒙古人，而从1380年开始，他们的兵工厂都能生产出3000件小型青铜铳和3000件大型铳来，同时也生产“神机炮”。g. 公元1403年，朱棣下令使用熟铜以及生、熟铜混合来生产炮铳。

④ GOODRICH L C，FENG C S. The early development of firearms in China［J］. ISIS，1946（36）：123.

⑤ 冯家昇. 火药的发现及其传布［J］. 史学集刊，1947（5）：29-84.

⑥ 冯家昇. 火药的发现及其传布［J］. 史学集刊，1947（5）：279-297.

⑦ 冯家昇. 回教国为火药由中国传入欧洲的桥梁［J］. 史学集刊，1950（6）：1-51.

⑧ 冯家昇. 火药的由来及其传入欧洲的经过［C］// 李光璧，钱君晔. 中国科学技术发明和科学技术人物论集. 北京：生活·读书·新知三联书店，1955：33-70.

1954年出版的火药史著作——《火药的发明和西传》[①]，从内容上来看，虽只是《火药的发现及其传布》的"精简版"，但由于前者出版于中华人民共和国成立以后，在成立初期更容易被火药史研究者获取和阅读，因而影响也更加深远，从而被公认为是中国火药史研究的奠基和权威之作（图3.10和图3.11）[②③]。冯家昇在这些研究论著中提出的"火药是由中国古代炼丹家发明的"这一论断，更被誉为"卓具创见"，并经后来"众多科学史家的进一步论证，现已为人们普遍接受"[④]。

冯家昇对火药起源的研究，也是由"火"和"药"字——尤其是后者——的字义上去探源而始的：

> "火药这个名词是由'火'和'药'组成的，这当然是有一定的道理的。'火'字在这里很清楚，是因为它发火的缘故；至于'药'字在这里倒令人有点奇怪，为什么不叫做'火粉'或其他的名称，而偏要叫做'火药'呢？"[⑤]

因而也从火药组分的"硝石""硫黄"和"木炭"上，在汉代《神农本草经》、明代《本草纲目》，以及《淮南子》《说文》等典籍中寻找其对应的药物解释。但在判断火药起源于医药学还是丹药学时，冯家昇的逻辑为"纯医药家是保守的、稳健的"，而炼丹家是"好奇的、肯冒险的"，因而火药这一危险品，当不是医药家愿意"冒险尝试的"，只有为探求"长生不老丹药"的炼丹道士才能发现[⑥]。而在文献证据上，冯家昇发现《道藏·洞神部众术类·诸家神品丹法》内一篇名为"孙真人丹经内伏硫黄法"的药方，从而将火药的发明人归于唐初道士孙思邈名下[⑦]。

---

① 冯家昇. 火药的发明和西传［M］. 上海：华东人民出版社，1954.

② 赵匡华，周嘉华. 中国科学技术史：化学卷［M］. 北京：科学出版社，1998：449. 文中提道："1954年，中国学者冯家昇全面、系统地考证、论证中国火药史的专著《火药的发明和西传》一书问世，雄辩地论述了是中国首先发明了火药。这一结论才逐渐为国际上各国科学史家所接受，也鼓舞了科技史学者对此课题进一步地奋发研究。"

③ 郭正谊. 火药源起的新探讨［J］. 化学通报，1986（1）：55. 文中提道："1947年，冯家昇先生在《史学集刊》上发表论文'火药的发现及其传播'，多年来一直被奉为火药史的权威著作。"

④ 赵匡华，周嘉华. 中国科学技术史：化学卷［M］. 北京：科学出版社，1998：453.

⑤ 冯家昇. 火药的发明和西传［M］. 上海：华东人民出版社，1954：1-2.

⑥ 冯家昇. 火药的发明和西传［M］. 上海：华东人民出版社，1954：2-3.

⑦ 冯家昇. 火药的发现及其传布［J］. 史学集刊，1947（5）：41.

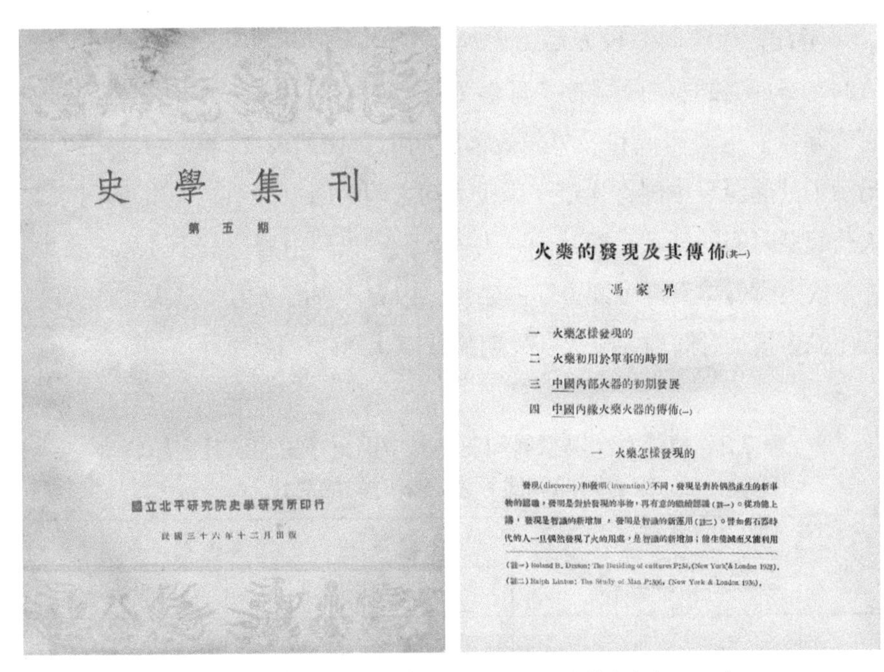


火藥的發現及其傳佈(其一)

馮家昇

一　火藥怎樣發現的

二　火藥初用於軍事的時期

三　中國內部火器的初期發展

四　中國內緣火藥火器的傳佈(一)

一　火藥怎樣發現的

發現(discovery)和發明(invention)不同，發現是對於偶然產生的新事物的認識，發明是對於發現的事物，再有意的繼續認識(註一)。從功能上講，發現是智識的新增加，發明是智識的新運用(註二)。譬如舊石器時代的人一旦偶然發見了火的用處，是智識的新增加；能生能滅而又能利用

(註一) Roland B. Dixon: The Building of cultures P:34,(New York & London 1928).

(註二) Ralph Linton: The Study of Man P:306, (New York & London 1936).

图 3.10　冯家昇论文《火药的发现及其传布》( 1947 )

图 3.11　冯家昇的著作《火药的发明和西传》( 1954 )

至此，火药起源说先后由曹焕文（1942）、王铃（1945）、冯家昇（1947）分别独立从火药的字源意义出发而探究（三者对中国火药史的研究起始、论著写成和最早发表诸时间的对比如表3.2所示），一致地揭示了其起源于中国古代道士炼丹活动之间的因果关系，提出了不同的火药起源时间的观点。而其中，冯家昇的"火药由唐代道士孙思邈在为硫黄伏火时偶然发现了配方"的结论，因有详细的药方文献为"证据"，从而成为很长时间内关于火药发明的普遍认同的定论。

**表3.2　曹焕文、冯家昇和王铃对中国火药史的研究起始、论著写成和最早发表诸时间的对比**

| 姓名 | 对比项目 | | |
|---|---|---|---|
| | 研究起始时间 | 论著写成时间 | 最早发表时间 |
| 曹焕文 | 1919年留日，特别是1921年考入东京高等工业学校电气化学科之后 | 1938年5月至6月，从其《中国火药全史》手稿中整理出"摘要"作为中英庚款资助的申请材料，6月底完成《中国火药全史》手稿的重新装订、换皮和题签；1941年底,《中国火药全史》手稿已近10册，主体已基本完成。其摘要论文《中国火药之起源》定稿于1941年底 | 专著《中国火药全史》未出版，其摘要论文《中国火药之起源》于1942年夏在中国科学社年会上宣读，被化学部推举为年度唯一一篇最优秀论文，并于同年发表 |
| 冯家昇 | 1939年赴美以后，"利用美国国会图书馆和哥伦比亚大学图书馆藏书的有利条件，以超人的勤奋摘抄大量有关火药问题的史料，进行专题研究。"此前，冯家昇是一位专攻辽金史及东北史地的历史学家 | 最早的火器史论文"The Early Development of Firearms in China"（与富路特合作）写成于1944年 | 火器史论文1946年发表于ISIS；火药史论文"火药的发现及其传布"1947年发表于《史学集刊》第5期 |
| 王铃 | 1940年后。据刘广定回忆："王（铃）先生说那是抗日战争时期傅斯年先生指导他做的研究，资料搜集不易。"王铃是1940年国立中央大学历史系毕业后才进入傅斯年主持的"中央研究院历史研究所"工作的 | 其最早的火药史论文"On the Invention and Use of Gunpowder and Firearms in China"写成于1944年 | 该论文发表于1947年 |

4. 现当代火药史学及其突破

1968 年，美国著名科技史家席文（Nathan Sivin，1931—　）在其著作《伏炼试探》（*Chinese Alchemy*：*Preliminary Studies*）① 中率先指出，冯家昇于 20 余年前挖掘并被长期接受的唐代道士“孙思邈”的火药方，属于《诸家神品丹法》中之“伏火硫黄法”（图 3.12），但此药方实为“无名氏”所创。这就否定了冯家昇所谓“孙思邈”发现火药的说法。同时，火药的唐代起源说也随之受到了质疑。

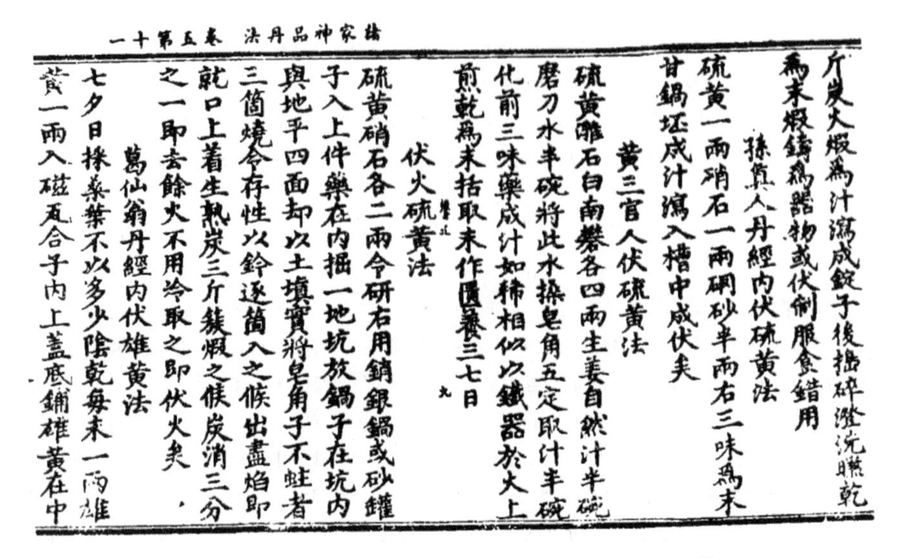
諸家神品丹法　卷五　第十一

斤炭火煅爲汁瀉成錠子後搗碎澄洗曬乾
爲末煅鑄爲器物或伏制服食錯用
孫眞人丹經內伏硫黃法
硫黃一兩硝石一兩硇砂半兩右三味爲末
甘鍋坯成汁瀉入槽中成伏矣
黃三官人伏硫黃法
硫黃雌石白南礬各四兩生姜自然汁半碗
磨刀水半碗將此水搽皂角五定取汁半碗
化前三味藥成汁如稀相似以鐵器於大上
煎乾爲末括取來作匱養三七日
伏火硫黃法
硫黃硝石各二兩令研右用銷銀鍋或砂罐
子入上件藥在內掘一地坑放鍋子在坑內
與地平四面却以土塡實將皂角子不蛀者
三箇燒令存性以鈐逐箇入之候出盡焰即
就口上着生熟炭三斤簇煅之候炭消三分
之一即去餘火不用冷取之即伏火矣
葛仙翁丹經內伏雄黃法
七夕日搽桑葉不以多少陰乾每末一兩雄
黃一兩入磁瓦合子內上蓋底鋪雄黃在中

图 3.12 《诸家神品丹法》中的“伏火硫黄法”②

其后，李约瑟在查阅了“孙真人丹经内伏硫黄法”“伏火硫黄法”以及二者之间的“黄三官人伏硫黄法”后认为，冯家昇虽错误引标了药方的题目，但这些炼丹术都应该是同时代的，因此冯氏将其归于孙思邈的结论或许也是正确的 ③。此外，在 1981 年出版的一本叫作《比较视野下传统中国的科学》（*Science in Traditional China*：*A Comparative Perspective*）的书中，李约瑟再次将《诸家神品丹法》中为硫黄伏火的

① SIVIN N. Chinese alchemy：preliminary studies［M］. London：Harvard University Press，1968：76–77.

② 郭正谊. 火药发明史料的一点探讨［J］. 化学通报，1981（6）：59.

③ NEEDHAM J. Science and civilization in China［M］. Cambridge：Cambridge University Press，1976：137.

实验归之于孙思邈。但却认为孙思邈也许并未意识到其所进行的这个实验会产生的后果以及具备的意义①。

李约瑟所谓"'伏火硫黄法'亦为孙思邈所做"的猜测，虽与赵铁寒②、龙村倪③等部分学者的观点相同，却也被郭正谊④、刘广定⑤、孙方铎⑥等火药史研究者所修正⑦。

当代众多从炼丹药方上探寻原始火药可能的起源年代的学者中，王奎克、朱晟、郑同、袁书玉4人在探讨晋代葛洪《抱朴子内篇》将"硝

---

① NEEDHAM J. Science in traditional China：a comparative perspective［M］. Hong Kong：The Chinese University of Hong Kong，1981：29–30.

② 赵铁寒. 火药的发明［M］. 台北：正中书局. 1978：18–19. 书中指出："道藏诸家神品丹经部引孙真人丹经所载内伏硫黄法的伏火硫黄烧制法云：'……。'孙真人即孙思邈，唐初人（六〇一—六八二）……"

③ 龙村倪."伏火硫黄法"应归孙真人——张已知最古"火"药详方辨［J］. 科学月刊，1982，13（11）：64–70. 文中指出："定则三：孙真人≡孙思邈。说明：道家'真人'地位十分崇高，相当于道教的'神仙'，只赠给真正有道之人。尤其在宋以前，赠封是十分严格而少有的，能领'真人'尊号的人不多；元代以后则滥，多自己挂牌。孙思邈是著名道家伟人，悟道深远，天地合德，后代道友尊为真人，只在当之无愧。庄子在'大尊师'中说'有真人而后有真知'，孙思邈在医道两方面的著作都是可验可行的真知宝典，既有真知，自是真人。他的著名救世医书《千金要方》，在《道藏》中即称为《孙真人千金方》。而且《道藏·石药尔雅》（唐·梅彪撰）中录有《孙思邈丹经》之书名，书已佚传，但疑即《孙真人丹经》，但苦于无法直接证明，但旁证很多，可以认《诸家神品丹法》一书中所指的孙真人即孙思邈。而且现代研究《道藏》的权威学者陈国符也这么认为。"

④ 郭正谊. 火药发明史料的一点探讨［J］. 化学通报，1981（6）：59–60. 文中指出："在《诸家神品丹法》中辑录的'孙真人丹经内伏硫黄法'的内容竟是：'……。'在此条后是'黄三官人伏硫黄法'，再后是未注发明者姓名的'伏火硫黄法'……显然这条内容并不是《孙真人丹经》的内容，而竟吴植在孙思邈名下……这个张冠李戴的错误，显系最初引文者粗心所致，而后人竟未察觉，以致以讹传讹至今，现应予澄清。"

⑤ 刘广定. 火药源起时期的问题［C］// 中国科学史论集. 台北：台湾大学出版中心，1986：352.

⑥ SUN F T. Gunpowder/Rocket technology in ancient China and its transference to the outer world［C］// CHEN C Y. Science and technology in Chinese civilization. Singapore：World Scientific Publishing Co Pte Ltd.，1987：266.

⑦ 刘广定于1982年发现"'伏火硫黄法'应属《葛仙翁紫霄丹经》中之一方，进而由此及参考《太平广记》里出自《续玄怪录》的'杜子春'的故事，推测中国人发现火药的时期，大约不会早于公元9世纪初。"（刘广定. 火药源起时期的问题［C］// 中国科学史论集. 台北：台湾大学出版中心，1986：352.）而孙方铎在1985年的第17届国际科学史大会上提交的论文中，则引用了陈国符的考证结论，认为"孙真人并非孙思邈，而是另有其人"。

石、松脂、猪大肠和雄黄”同炼来提取单质砷的试验中，发现了起火爆炸现象，因而提出可以把原始火药的起源时期上溯至公元4世纪的西晋时期[①]。而近年容志毅根据《道藏·太上八景四蕊紫浆五珠降生神丹方经》的药方内硝石、三黄（硫黄、雌黄和雄黄）与炭（炭化的乳香粉末）共炼而发生爆炸的研究，认为火药发明的年代至少可以上溯至东晋时期[②]。这些研究结论都为曹焕文在20世纪40年代提出的火药起源自魏晋的推论，提供了炼丹学史料上的实证[③]。

## 三、曹焕文火药西传研究

火药史学的核心问题——“火药起源问题”被合理解释后，火药的“西传问题”（或“传播问题”）又为火药史初期研究者所关注与争论。首先需要认清的是，“西传问题”是否是一个独立的问题，或仅是火药起源问题的“延伸问题”。因此，回答如下疑问，成了西传问题之所以存在的前提，即西方最早使用的火药——即使其主要成分同样为硝石、硫黄和木炭，是否也由古代中国先期发明而后传往？换言之，是否有证据证明，火药并非中西独立发明而各自应用？

曹焕文研究的切入点及分析颇为细致与巧妙：

> “关于（火药）中国之起源已如上文论述，兹再向欧洲方面考究探讨欧洲火药究为模仿，抑系创造？此种真伪之判断，系中国火药起源及演变上之最重要者，然则中国火药究否传往欧洲？如何传往，媒介为何？欧洲火药真情为如何？凡此种种，皆应一一阐明者也。火药欧洲英语称为Powder，其他德语各语亦类似，称黑色火药味Black Powder或Gun-Powder，细考其字义，则系黑粉或枪礮粉。中国称火药为‘药’，实

① 王奎克，朱晟.《抱朴子》有关制取单质砷和火药起源的记载［J］. 化学通报，1982（1）：56-67.

② 容志毅. 东晋道士发明火药新说［J］. 化学通报，2009（2）：188-192.

③ 据刘广定引述，何丙郁在1986年也提出“公元四至六世纪间已有了原始的火药（proto-gunpowder）”的论断，但由于笔者尚未看到何先生之原文，因而未知其论断乃缘于何种炼丹药方的发现。

有深刻之理想，及重要之原因，已如前述，今欧洲称火药为Powder，Powder以字义言，本为‘粉末’，粉末物在世界上多至几千种，乃系形容物态之细微者，与火药有何关系而为名焉？其中理想极为幼稚，而又不伦类。在道理上说不通，在事实上极可疑。然火药之名，竟如此定之，亦自不能无来因去由；多方研究，许久考证，方豁然贯通而明了其原因焉！盖当中国火药，于十三世纪传到亚剌伯波斯等地之时，对此种神奇之物品，无法以名之，见其细微为末，故称之为‘粉’，色泽发黑，故称‘黑粉’。其后即为火药之名辞，迨至亚剌伯以之入欧洲，欧洲因亚剌伯已有定名，故亦遂名之为‘粉末’，事经数百年，亦沿袭未改也。即此名辞一点，已露出攀仿自人，非如中国自行创造而确有其来源也。”[①]

从火药在欧洲最早的称谓（Black Powder或Gun-Powder）上追溯其与中国发明的“火药”（“可发火的药物”）之间的关系，比较其异同。曹焕文认为火药在中国古代本为药物，在西方却仅以最浅及最表面程度——“黑色粉末”或“枪炮粉末”去理解与认识，而出现在13世纪的火器中包含的军事实用层面的火药形态，是无法体现出这种蕴含了中国古代炼丹学中阴阳对立统一的混合物真正所具有的文化内涵的，从而否定了欧洲能在如此“肤浅”的基础上，自主发明原始火药的可能性。因此，“即此名辞一点，已露出攀仿自人”。曹焕文的这种提出质疑并由名称辞源及文化内涵上去展开分析的方法与逻辑，在近代火药史学史上，实可谓独树一帜。而与之比较，冯家昇仅在为“火药”释名时提出过类似的问题：“为什么不叫作‘火粉’或其他的名称，而偏要叫作‘火药’呢？”[②] 却未继续将火药起源问题与传播问题进行关联。事实上，“火粉”一词，不正是西方对火药的称谓吗？

关于火药西传的“路径问题”，长久以来主要集中于两种观点[③]：一种观点认为黑色火药最早由中国发明，其后直接传往欧洲，即“中国—

① 曹焕文．中国火药之起源［J］．航空机械，1942，6（8）：35.

② 冯家昇．火药的发明和西传［M］．上海：华东人民出版社，1954：2.

③ 刘旭．中国古代火药火器史［M］．郑州：大象出版社，2004：244.

欧洲”说；另一种观点认为中国古代火药是通过阿拉伯最终传往欧洲的，即“中国—阿拉伯—欧洲”说。在上段引述中，曹焕文不仅将火药发明与西传问题进行了统一，而且在西传问题上，提出了这种“中国—阿拉伯—欧洲”传播路径的观点。同时，由于冯家昇也是该观点的主要奠基人之一，因而本书特将二人的研究做如下简要对比。

冯家昇认为，首先，硝石是在中国与阿拉伯的商贸往来中传往的，然而其用于燃烧却是在1225—1248年。由1225年开始，“烟火以及火药制造的方法由南宋传入回教国”。至于各种火器的传入，则在1258年以后[①]。其次，蒙古西征阿拉伯，经历了两个阶段，即1218—1258年及1258—1304年。在这漫长的86年间，蒙古军队使用了诸多火器攻城略地，有部分投降的蒙古士兵将携带的火器传至当地[②]。再次，蒙古西征欧洲，只使用了火药火器，而没有将其传入欧洲。其原因一为火药是军事秘密，不会外传；二是因欧洲人“文化水准低”，不识火药性能，甚至误以其为“妖术”[③]。此外，火药真正传入欧洲，也分为两个阶段，即第一阶段为13世纪下半叶，欧洲知识分子从阿拉伯书籍中学到火药的相关知识；第二阶段为14世纪上半叶，欧洲的一些国家在战争中获得了火药的具体应用方法[④]。冯家昇以上结论的得出，基于其对火药西传问题的专题研究论文——《回教国为火药由中国传入欧洲的桥梁》[⑤]。其中，运用了大量的史料——尤其是诸多其在国外所见即抄录的珍稀外文文献——作为证据，论证严密而深入，使得其研究成果成为火药西传史的普遍性结论。

曹焕文在“火药西传路径”问题上也同样持“中国—阿拉伯—欧洲”观点。所不同的是，火药在阿拉伯国家的传播过程。他认为，蒙古军队的三次西征将火器和火药的应用技能完全传入了阿拉伯，后由于欧洲与阿拉伯交流频繁，才又逐渐被模仿而传往。蒙古军队每次

① 冯家昇. 火药的发明和西传［M］. 上海：华东人民出版社，1954：46-48.
② 冯家昇. 火药的发明和西传［M］. 上海：华东人民出版社，1954：50-51.
③ 冯家昇. 火药的发明和西传［M］. 上海：华东人民出版社，1954：64.
④ 冯家昇. 火药的发明和西传［M］. 上海：华东人民出版社，1954：64-74.
⑤ 冯家昇. 回教国为火药由中国传入欧洲的桥梁［J］. 史学集刊，1950（6）：1-71.

出征之前，“预派工程师多人，前往波斯就地制作，以供给军用”。等到“占地建国”之后，“又在波斯设许多之兵工厂，大量生产，令波斯人随从我国工程师学习，以故中国硝石之制法，火药之技能，以及火枪炸弹发射炮等各种火器之技术，完全传授遗留于亚剌伯波斯人之手矣”[①]。在曹焕文看来，蒙古人并未将火药当作绝密，相反，从某种意义上说是“主动”进行“传授”，从而使火药的知识和技能得以西传于阿拉伯。由于《中国火药全史》原著手稿正在搜寻之中，其详细论证过程尚不可知。

## 四、曹焕文火药史研究论著及手稿初探

曹焕文完成于20世纪40年代初期的火药史著作，全称为《中国火药全史》，是我国第一部针对火药的起源、发展以及应用与传播进行研究的史学专著。其研究内容跨越古今（从魏晋到近代）与中外（从中国典籍到西方与日本研究），参考文献涉及丹药本草、烟火专著、兵械类书、通考通典、官修史籍、小说杂志等，故而以“全史”命名。著作共“十余册”，仅有原始手稿一套。据曹焕文后人对笔者描述，该手稿全文为曹焕文正楷写成。原藏于太原家中，2005年后转藏榆次老宅，遗憾今暂寻不得，因此其火药史学的具体论证过程，不能为后来诸研究者所见。不幸中之幸事是，曹焕文曾为《中国火药全史》摘录过一篇简要的提纲性论文，名为《中国火药之起源》，分别于1942年和1946年发表于《航空机械》[②]与《西北实业月刊》[③]，可以由之窥探曹焕文火药史研究结论以及《全史》之结构梗概。此外，笔者从曹焕文后人处有幸得见其写作《全史》时所用参考文献的集子——《中国火药全史资料》之手稿，并经同意，复制了全部手稿。因而，针对曹焕文火药史的研究过程，则具备了“探轶”或“推测”的可能性。

---

① 曹焕文. 中国火药之起源［J］. 航空机械，1942，6（8）：35-36.

② 曹焕文. 中国火药之起源［J］. 航空机械，1942，6（8）：30-37.

③ 曹焕文. 中国火药之起源［J］. 西北实业月刊，1946，1（1）：14-18.

## （一）《中国火药全史资料》

曹焕文自留学日本即开始对火药史资料的发掘与整理，历经近 20 年的辛劳，于 1939 年完成 8 册《中国火药全史资料》（下称《全史资料》）[①]。该手稿是他从庞杂浩瀚的中国古籍中择要精选 54 种并摘录 25 万余字与中国火药火器相关的资料，以宣纸毛笔抄写成册，每册 1 ~ 5 万字，并多处附毛笔或铅笔手绘临摹图（图 3.13，图 3.14）。迄今为止，这套资料从未出现在任何火药史研究论著和其他相关记述中。《中国火药全史资料》各册摘录古籍书目情况统计如下。

1. 第一册主要内容为 4 类书目（总字数约 3 万字）

（1）“参考书目”。该部分共占 81 页，其中主要为曹焕文在抗战时期因太原被日军占领，随西北实业公司向西南迁移过程中，在西安所记共 96 篇日记。其中记录了从 1938 年 4 月 19 日至 10 月 31 日期间，曹焕文因火药史研究之需，利用当地图书馆（主要为陕西图书馆）、书店、旧书市场等多种资源，搜集并抄录火药火器相关史籍段落的心路历程。这批日记与曹焕文对应罗列出的数百条文献书目相得益彰，是《全史资料》最重要的基础文献，因而其位置居于第一册之开篇。由于该部分参考书目数量庞大，此处不再逐一列出。

（2）《四库全书总目提要》中 75 部古籍之提要。包括书目有：《太白阴经》（唐・李筌）、《武经总要》（宋・曾公亮）、《虎钤经》（宋・许洞，安徽巡抚采进本）、《守城录》（宋・陈规）、《武编》（明・唐顺之）、《阵纪》（明・何良臣）、《练兵实纪》（明・戚继光）、《纪效新书》（明・戚继光）、《两浙兵制》4 卷（明・侯继国）、《武备新书》（明・戚继光）、《火器图》

① 据《中国火药全史资料》手稿第一册“六月廿八日”载：“自整理《全史》‘摘要’以应中英庚款之协助以来，即停止采集材料之工作。所以抄书之事亦自五月七日停止而专心于‘摘要’及《请求书》矣！自廿日送出后本已完工，然又按简章补副本及简则，于廿六日又为寄去。所以到现在方始完结该项之工作。近一日来又将《全史》稿及《资料》重行装订、换皮并题签，形式既整而工作亦便矣。”由此可见，对《中国火药全史》和《中国火药全史资料》的重行装订、换皮并题签，是在其 1938 年申请中英庚款资助之时。同时，检视《中国火药全史资料》中的日记，能够确定前七册是 1938 年之前所辑，而第八册于封面上题有“二十八年起”，因知第八册是 1939 年补辑的，与前七册各册相比，内容最少，仅 1 万余字。所以，1938 年 6 月 28 日，曹焕文所重新装订的《中国火药全史资料》当是第一册至第七册。

第一册

第二册

第三册

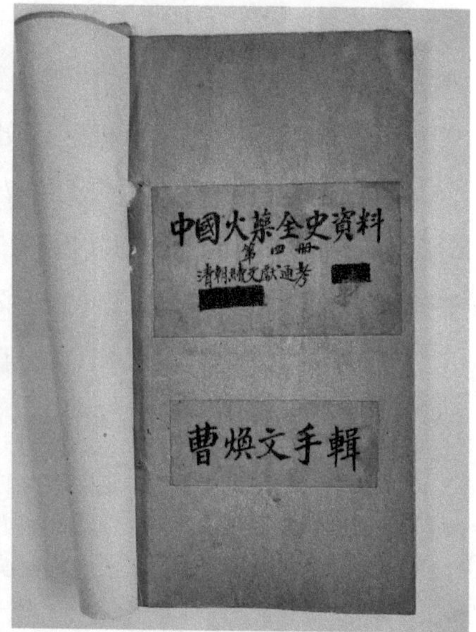


第四册

图 3.13 《中国火药全史资料》第一册至第四册

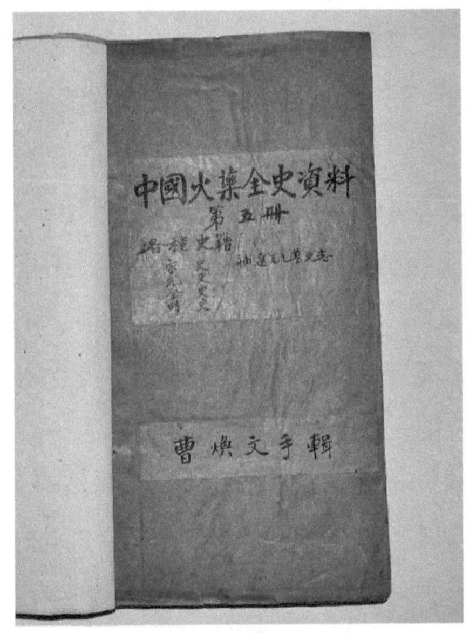


第五册

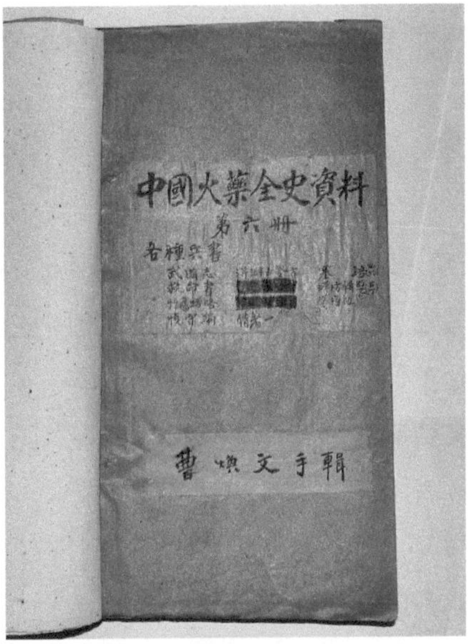

第六册

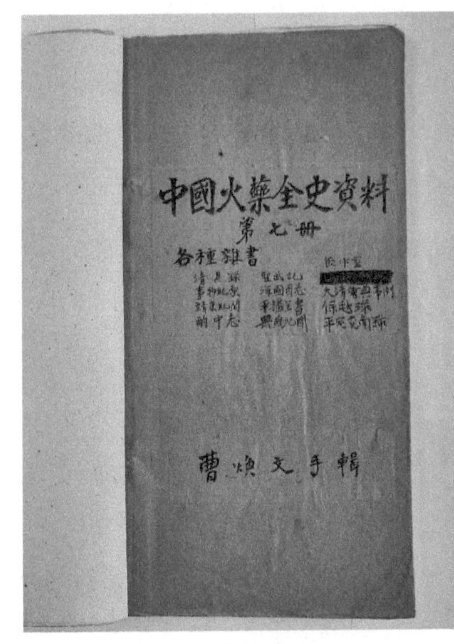


第七册

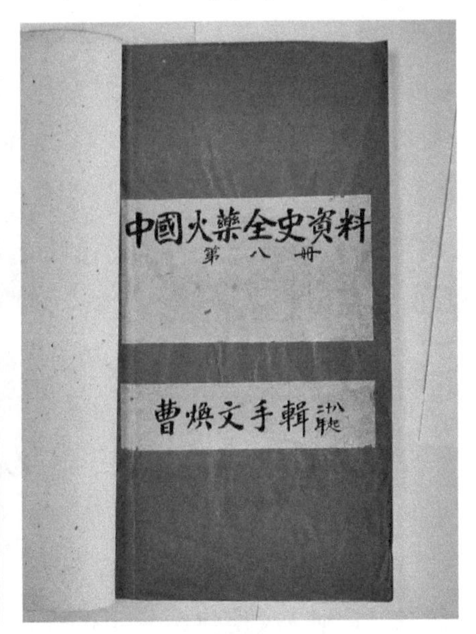


第八册

图 3.14 《中国火药全史资料》第五册至第八册

（明・顾斌）、《残兵金汤十二筹》（明・李盘）、《武备志略》（清・傅禹）、《历代车战叙略》（清・张泰交）、《练阅火器阵纪》（清・薛熙）、《事类赋》（宋・吴淑）、《太平御览》（宋・李昉）、《事物纪原》（宋・高承）、《历代制度详说》（宋・吕祖谦）、《山堂考索》（宋・章如愚）、《玉海》（宋・王应麟）、《图书编》（明・章潢）、《山堂肆考》（明・彭大翼）、《格致镜原》（清・陈元龙）、《续文献通考》（明・王圻）、《三才图会》（明・王圻）、《千顷堂书目》（清・黄虞稷）、《钦定历代职官表》（清・黄本骥）、《通典》（唐・杜佑）、《建炎以来朝野杂记》（宋・李心传）、《文献通考》（元・马端临）、《钦定续文献通考》（清・张廷玉）、《钦定皇朝文献通考》（清・张廷玉）、《钦定续通典》（清・嵇璜）、《钦定皇朝通典》（清・嵇璜）、《钦定皇朝通志》（清・嵇璜）、《震泽长语》（明・王鏊）、《物理小识》（明・方以智）、《遵生八笺》（明・高濂）、《淮南子》（汉・刘安）、《西溪丛语》（宋・姚宽）、《瓮牖闲评》（宋・袁文）、《老学庵笔记》（宋・陆游）、《齐东野语》（宋・周密）、《泊宅编》（宋・方勺）、《鸡肋编》（宋・庄季裕）、《辍耕录》（明・陶宗仪）、《北堂书钞》（唐・虞世南）、《编珠》（隋・杜公瞻）、《编珠补遗》（清・高士奇）、《续编珠》（清・高士奇）、《艺文类聚》（唐・欧阳询）、《初学记》（唐・徐坚）、《白孔六帖》（唐・白居易）、《册府元龟》（宋・王钦若）、《荆川稗编》（明・唐顺之）、《钦定渊鉴类函》（清・张英）、《广事类赋》（清・华希闵）、《神异经》（汉・东方朔）、《陶朱新录》（宋・马纯）、《博物志》（晋・张华）、《清异录》（宋・陶縠）、《复斋日记》（明・许浩）、《野记》（明・祝允明）、《太平清话》（明・陈继儒）、《钦定皇朝礼器图式》（清・允禄）、《傅子》（晋・傅玄）、《真诰》（梁・陶弘景）、《神仙传》（晋・葛洪）、《近事会元》（宋・李上交）、《齐东野语》（宋・周密）、《钦定大清会典》（清・允陶）、《钦定大清会典则例》（清・托律）、《堡约》（明・尹耕）、《塞语》（明・尹耕）。

（3）“兵学书目”主要有 3 类：《神器谱》（明・赵士祯），《虎钤经》（北宋・许洞），《历代兵书目录》（陆达节辑，1933）。

（4）《西学书目表》（梁启超著，1896）。

2. 第二册主要摘录古籍 6 种（总字数约 5 万字）

（1）《武经总要》（宋・曾公亮）。

（2）《武备志略》（清·傅禹）。

（3）《纪效新书》（明·戚继光）。

（4）《火戏略》（清·赵学敏）。

（5）《阵纪》（明·何良臣）。

（6）《练阅火器阵纪》（清·薛熙）。

3. 第三册摘录古籍共6种（总字数约5万字）

（1）《通典》（唐·杜佑）。

（2）《续通典》（清·嵇璜等）。

（3）《清朝通典》（清·嵇璜等）。

（4）《文献通考》（元·马端临）。

（5）《续文献通考》（清·张廷玉）。

（6）《清朝文献通考》（清·张廷玉）。

4. 第四册摘录古籍1种（总字数约5万字）

《清朝续文献通考》（清·刘锦藻）。

5. 第五册主要摘录古籍5种（总字数约1.5万字）

（1）《宋史》（元·脱脱等）。

（2）《金史》（元·脱脱等）。

（3）《元史》（明·宋濂等）。

（4）《补辽金元艺文志》（清·倪璨撰，卢文绍补）。

（5）《元代云南史地丛考》（夏光南著，中华书局出版，1935年）。

6. 第六册摘录古籍共12种（总字数约5.8万字）

（1）《武备志》（明·茅元仪）。

（2）《救命书》（明·吕坤）。

（3）《草庐经略》（明·著者不祥）。

（4）《洴澼百金方》（清·惠麓酒民）。

（5）《慎守编》（清·陆在元）。

（6）《借箸一筹》（著者不详）。

（7）《乡约》（明·尹耕）。

（8）《塞语》（明·尹耕）。

（9）《洋防辑要》（清·严如煜）。

（10）《苗防备览》（清・严如煜）。

（11）《防海辑要》（清・俞昌会）。

（12）《筹海初集》（清・关天培）。

7. 第七册摘录古籍共12种（总字数约5万字）

（1）《清异录》（宋・陶谷）。

（2）《事物纪原》（宋・高承）。

（3）《靖康记闻》（宋・丁特起）。

（4）《酌中志》（明・刘若愚）。

（5）《圣武记》（清・魏源）。

（6）《海国图志》（清・魏源）。

（7）《平播全书》（明・李化龙）。

（8）《典故纪闻》（明・余继登）。

（9）《饮冰室专集》（清・梁启超）。

（10）《钦定大清会典事例》（清・昆冈）。

（11）《保越录》（元・徐勉之）。

（12）《靖康传信录》（宋・李纲）。

8. 第八册摘录书籍共11种（总字数约1万字）

（1）《新兵器化学花火之研究》（日本・西泽勇志智著，昭和三年六月）。

（2）《小说闲谈》（阿英著，上海良友图书印刷公司印行，1936年）。

（3）《宋人词话八种》（汪乃刚等著，上海亚东图书馆印行，1928年）。

（4）《王阳明全集》（明・王阳明）。

（5）《红楼梦》（清・曹雪芹）。

（6）《水浒传》（明・施耐庵）。

（7）《中国小说史料》（孔另境著，中华书局发行，1936年）。

（8）《虞初续志》（清・郑醒愚）。

（9）《阎典史传》（清・邵长蘅）。

（10）《聊斋志异》（清・蒲松龄）。

（11）《兵器大观》（日本・长谷川正道著，东京宝文阁发行，1934年）。

## （二）曹焕文火药史论著的历史影响与贡献

自20世纪30年代起，曹焕文开始完成《中国火药全史》，稿不离身，埋头撰写。同时，他还将蒐集的研究文献整理为《中国火药全史资料》，并不断扩展与深挖。笔者在曹焕文《日记》中发现夹有便签记录一则，上记“白日工作，夜间整理”，以及“到图书（馆）抄书，（抄）参考书目、提要、人物考”（图3.15）。作为一名担负西北实业公司工业建设重任的化工专家与实业家，其利用业余时间进行科学史研究的辛勤与不易，由此可见一斑。

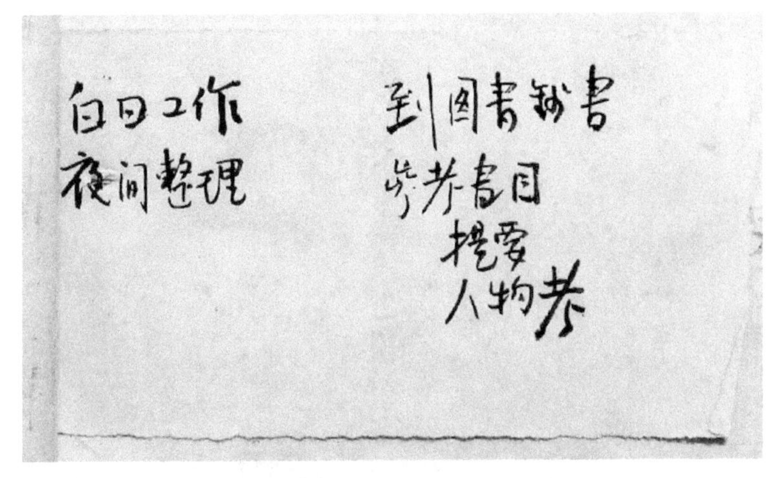
白日工作
夜间整理
到图書鈔書
参考書目
提要
人物考

图3.15 《中国火药全史资料》内夹曹焕文便签一则

然而，曹焕文从事科研最大的障碍与困难，却主要源于战时的安全及经费两项问题。抗战初起的1938年，曹焕文携家人迁居西安，虽暂避日军占领区，但西安城内却常遭敌机轰炸，安全亦常受威胁（图3.16）。例如，曹焕文《火药史日记》8月5日记载：

> “今早十时，敌机卅多架轰炸西安，正于此时，内人小产，流血不止。到十二时，衣盘亦落。午后购药。”①

笔者寻得《西京日报》1938年8月6日的简报（图3.17）：

> “……昨（五）日敌机三十八架，在本市近郊投弹后，复

① 曹焕文．中国火药全史资料．第一册．（手稿）

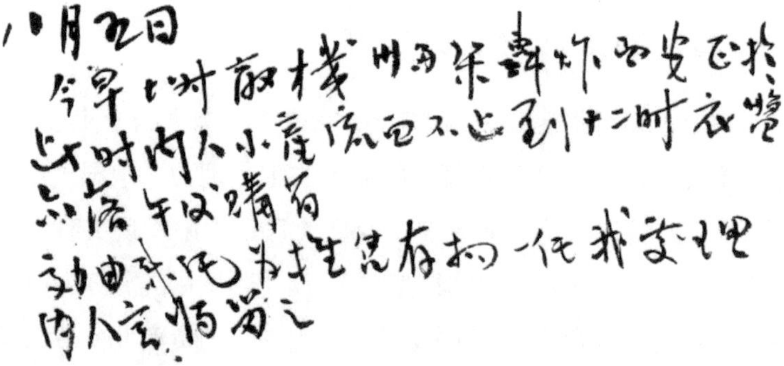

图 3.16　曹焕文《火药史日记》（1938 年 8 月 5 日）记西安遭敌机轰炸

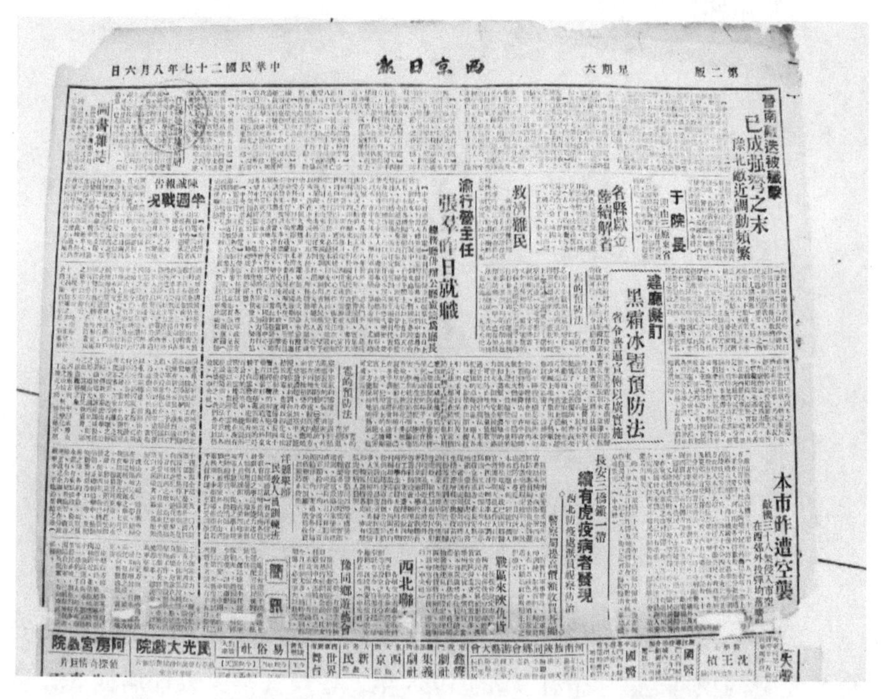
中華民國二十七年八月六日　西京日報　星期六　第二版

本市昨遭空襲

于院長

渝行營主任 張羣昨日就職

救濟難民

建廳擬訂 黑霜冰雹預防法

長安三橋鎮一帶 續有虎疫病者發現

西北聯

图 3.17 《西京日报》（1938 年 8 月 6 日）对西安遭轰炸的报道

在城东二十里许之江村投炸弹及烧轰弹数枚，炸毙女孩一人……”①

对照如上所记，曹焕文研究时所遇安全压力由此可见。而对于其经济问题，则又可由其日记中所记为著作购置纸张时的算计与拮据而窥之：

① 本市昨遭空袭［N］. 西京日报，1938-08-06（2）.

"8月22日：例假。下午与马福泽谈□现作□□以维生活，另树西北之根基术。……纸又涨价，先前五张，上月四张，现尚不与三张，今日未购，明日再去。《清续文献》本今日完，明日续纸，拟折为七本。……"

"8月23日：晚购纸，一元卅张，订分为七本，……"①

恰于此时逢中英庚款董事会为非常时期科学研究人员提供经费资助，并发通告：

"（一）凡科学工作人员因原工作机关紧缩或因他故不能继续工作者，得向本会请求协助。（二）请求协助人员须具有下列资格之一：甲、专科以上学校毕业并曾担任教职或研究工作或曾领奖学金者。乙、已刊行确有价值之著作或研究确有成绩，经本学科之专家切实保荐者。（三）请求手续除得自行请求外，并得由学术机关或本学科之专家直接保荐，……（六）协助学科：甲、算学（包括天文学）。乙、物理学（包括气象学）。丙、化学（包括应用化学）。丁、地质学及地理学。戊、植物学、动物学及生理学。己、社会科学（内分政治学、经济学、社会学及法律学）。庚、人文科学（内分历史学、考古学及艺术史、语言学、人类学及民俗学）。辛、工程学。壬、农学。癸、医学。又关于重要科学刊物，因经费困难不能继续出版者，亦得向本会请求协助出版费。"②

曹焕文遂以中国火药史研究为题，并由民国化学学界泰斗、黄海化学社创立者孙学悟（字颖川，1888—1952）作保荐，申请庚款资助。为此，从5月上旬开始，曹焕文从其《中国火药全史》手稿中整理出"摘要"作为申请材料，6月下旬完成"摘要"，6月底完成《中国火药全史》手稿的重新装订、换皮和题签。而从日记中可以看出，曹焕文对此项资助颇为看重，极盼能顺利取得。如7月11日记：

"现只盼庚款之核准，今日要看大公报之公表，盼眼欲干也。"

① 曹焕文．中国火药全史资料．第一册．（手稿）

② 中英庚款会通告协助科学工作人员及招考公费生［J］．教育杂志．1938，28（5）：90–91.

10月2日记：

"庚款日日盼望至今未发表，直令人望眼会穿也！"

10月7日记：

"中英庚款今日又揭晓人文科学组二十二人，我将于化学组发表矣。"

10月18日记：

"现在极盼眼会穿仍为庚款，现已增费增至百八十三人，则较为容易。然化学科之人才当多，我□自信有十分把握，然在未发表前总突突心中不安也！"[①]

因曹焕文中国火药史研究的创新性成果，以及评审委员之一的孙学悟的极力推荐，曹焕文于1938年10月21日获悉取得化学组首席资助，并获最高津贴（图3.18）[②③]。

随即，应庚款委员会通知，曹焕文赴战时首都重庆接受资助。行前，他在25日的日记中，兴奋而又自信地记录了其获奖的喜悦与研究的成就，以及其对未来继续火药史研究的规划：

"自庚款发表取中后即忙于是，复印庚会函于廿一日晚接得后，次日晨《新秦报》发表□为冠军，尤为喜出望外！当日结束《海国图志》，交图。

廿二日晚到季平处，……。俱喜余得第一，为山西生色不少，……

今晚调查户口，故静待到深夜，将过去日记阅一通，有几点回：

一、庚款

自动念提出以至为发表取得之信念，为自信极深。

且认此事为余困难过渡之第一□□□□任何事为合适。

又认为将来转入学术界及□转中央方面之关键。

① 曹焕文．中国火药全史资料．第一册．(手稿)

② 曹焕文．中国火药之起源［J］．西北实业月刊，1946，1（1）：序言．

③ 关于本次中英庚款资助办法和名单，参见韩德溥．中英庚款董事会协助非常时期科学工作人员［J］．教与学，1938，3（9）：52-54.

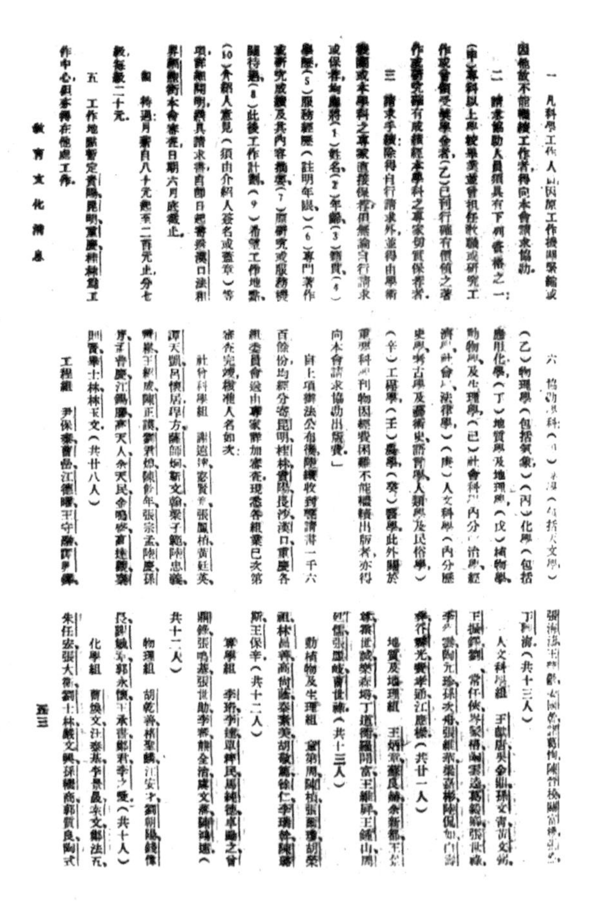

一 凡科學工作人員因原工作機關緊縮或因他故不能繼續工作者得向本會請求協助。

二 請求協助人員須具有下列資格之一：(甲)專科以上學校畢業並曾担任教職或研究工作或曾領受某學會者，(乙)已刊行確有價值之著作或研究確有成績經本學科之專家切實保薦者。

三 請求手續除得自行請求外並得由學術機關或本學科之專家直接保荐但無論自行請求或保荐均應將(1)姓名、(2)年齡、(3)籍貫、(4)學歷、(5)服務經歷(註明年限)、(6)專門著作或研究成績及其內容摘要、(7)願研究或服務機關待遇、(8)此後工作計劃、(9)希望工作地點、(10)介紹人意見(須由介紹人簽名或蓋章)等項詳細開明，與具請求書自即日起寄香港漢口法租界[illegible]本會審查，日期六月底截止。

四 待遇：月薪自八十元起至二百元止，分七級每級二十元。

五 工作地點暫定貴陽、昆明、重慶、桂林為工作中心，但亦得在他處工作。

教育文化消息

六 協助學科：(甲)算學(包括天文學)(乙)物理學(包括氣象)(丙)化學(包括應用化學)(丁)地質學及地理學(戊)植物學、動物學及生理學(己)社會科學(內分政治學、經濟學、社會學、法律學)(庚)人文科學(內分歷史學、考古學及藝術史[illegible]、人類學及民俗學)(辛)工程學(壬)農學(癸)醫學。此外關於重要科學刊物因經費困難不能繼續出版者，亦得向本會請求協助出版費。」

自上項辦法公布後，陸續收到聲請書一千六百餘份，均經分寄昆明、桂林、貴陽、長沙、漢口、重慶各組委員會，由專家詳加審查。現悉各組業已次第審查完竣，核准人名如次：

社會科學組 [illegible]、[illegible]、張[illegible]、黃廷英、譚天凱、呂懷居、[illegible]、[illegible]、[illegible]、[illegible]、陳忠義、[illegible]、[illegible]、陳正謨、[illegible]、[illegible]、[illegible]、陳慶孫、[illegible]、[illegible]、[illegible]、[illegible]、[illegible]、[illegible]、[illegible]、[illegible]、林玉文。(共廿八人)

工程組 尹保泰、曾[illegible]、江[illegible]、王守[illegible]、[illegible]、張[illegible]、[illegible]、丁[illegible]。(共十三人)

人文科學組 [illegible](共廿一人)

地質及地理組 [illegible](共十三人)

動植物及生理組 [illegible]、王保辛。(共十二人)

算學組 [illegible](共十二人)

物理組 胡乾善、[illegible]、江安才、[illegible]、郭永懷、[illegible]、[illegible]。(共十人)

化學組 曹煥文、汪泰基、李景晟、[illegible]、[illegible]、朱任宏、張大[illegible]、劉士林、[illegible]、[illegible]、[illegible]、[illegible]、陶式[illegible]

五三

图 3.18　曹焕文获 1938 年中英庚款资助科学人员化学组第一名[1]

由开始动机至取得，很有追忆及纪念之价值。

二、事业

……

三、初念

……

四、成绩

初步火药史目；

……

整理后之内容择要，

① 图片采自晚清及民国期刊全文数据库（http://www.cnbksy.cn）。

即送往庚款以应协助者。

西北经济建设方案

……

五、工作

自二月全家过河即着手抄摘材料之工作，迟至现在共有七册，约有七八百页。

记九通、各史、各兵书、各杂史资料实已不少，而其中发现：

火枪：

《武经》陈规之火枪；

考宗泽之烟枪；

《塞约》《行军须知》《保越》等各书；

证明元代已有火筒

炸弹：

太祖枪、武经、靖康火砲及河中之震天雷；

回回砲之传安南，郡国，洋防；

……

关系重大之书籍：

《武经》《武备志》《火戏略》《海国图志》《海防辑要》《百金方》《十通》宋金元明各史《乡守》各种书目。

六、书籍

在西安亦购若干书有价值者：

《武备志》 供绝大之参考

《荣河志》 孤本

《本草》等 明版各书

以用次言当然《武备》《乡守》为确要，而现行之火药为多余赘坠，……

综合八个月在西安之工作，不能说不努力，成绩很可观，故能达到所期之目的。

现将未来之估计再录为言：

一、庚款之事函告关系友□……；

二、起程赴重庆

家留成都，已到重庆；

利用公司车迫不及待要现行，看时局及车辆。

《全史》：

按部就班，不紧不慢，以精为度，以博为主。不草草完成，不为利诱，不责版权，不为人盗。注意各点，倍加小心。取编馆之材料，摘四川之图书。务将此成为世界的名著，个人为学界之巨擘，将借此以在中国声明四溢也。"[①]

曹焕文到重庆领奖时，竟偶遇孙学悟，二人遂"订为神交""不断来往"[②]。1941年年底，中英结成同盟，文化交流始行。英国向中国派出许多学者，其中有一名伦敦大学的"力学教授"特别重视中国文化，打听到曹焕文关于中国火药史的工作，"尤感兴趣"，通过孙学悟，向曹焕文借阅《中国火药全史》手稿，欲带回英国进行翻译、出版和研究。出于战争等诸多因素考虑，他最终未将原稿借出，而将其火药史研究成果择要形成一篇精简的论文，定名《中国火药之起源》，交付这位教授带回英国发表，同时也发表于同年6卷8期的《航空机械》杂志上[③]。遗憾的是，较之原著，这篇文章虽可"窥得一豹"，却相对缺失了若干具体问题的考证细节。1943年夏，中国科学社年会在重庆北碚召开（图3.19），孙学悟参会并代表曹焕文在会上宣读论文《中国火药之起源》[④]。大会最终评选出7篇年度最优秀论文（地理、算学、天文、植物、动物、物理和化学各部各1篇），化学部推举该文当选[⑤]。由于上了报纸新闻，知交好友纷纷函索，以致油印不足分赠。太原光复后，因"太原友人未见者多"，曹焕文又将该文略作修改发表于1946年第1卷第1期的《西北实业月刊》上，并附加一则"序言"，说明该文写作的动机和发表后的影响[⑥]。从这篇"序言"可知，到1941年年底，《中国火药全史》手

① 曹焕文．中国火药全史资料．第一册．(手稿)

②③ 曹焕文．中国火药之起源[J]．西北实业月刊，1946，1(1)：序言．

④ 1943年，《读书通讯》登载"中国科学社第二十三届年会论文提要"，曹焕文的《中国火药之起源》列"一五"。

⑤⑥ 曹焕文．中国火药之起源[J]．西北实业月刊，1946，1(1)：序言．

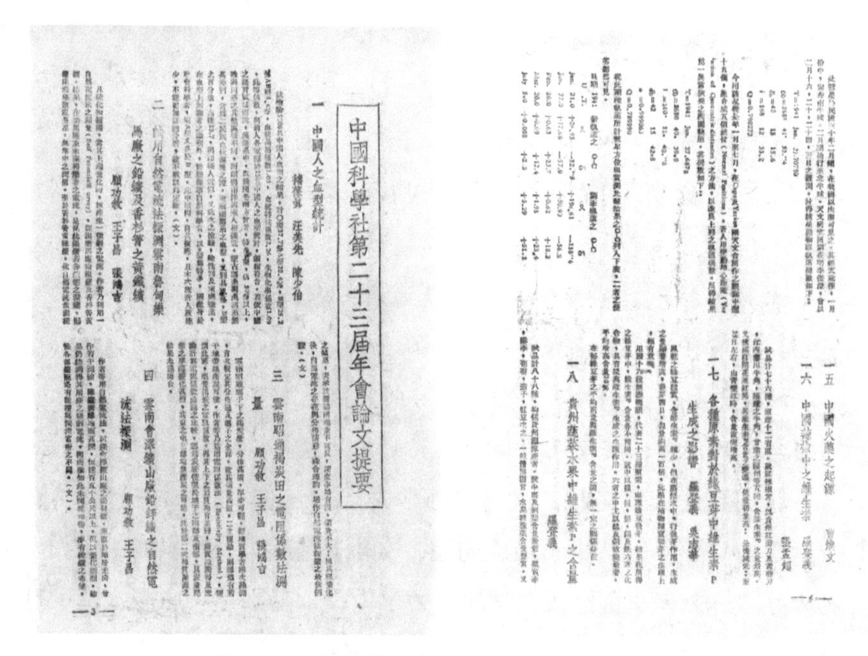
中國科學社第二十三屆年會論文提要

一 中國人之血型統計

三 雲南昭通褐炭田之電阻係數法測量 顧功敘 王子昌 張鴻吉

四 雲南會澤鉛山廠鉛鋅礦之自然電流法探測 顧功敘 王子昌

一五 中國火藥之起源 曹煥文

一七 各種原素對於綠豆芽中維生素P生成之影響

一八 貴州蔬菜水果中維生素P之含量

图 3.19 中国科学社第二十三届年会论文提要

稿“已近十册”，“数量本大”，是他 20 年心血的结晶 [①]，但也“尚未杀青”，“正在补加订正之时，所谓未定稿者是也”。尽管此处“未定稿”之说乃不无谦虚的“实话”，但无疑书的主体已基本完成。

通过如上考证与叙述可知，曹焕文的火药史研究，从获得庚子资助以及中国科学社年会论文第一名此二项重大成绩与殊荣来看，在当时学界应当颇有影响与地位。然而，在现代火药史学史上，其数十年艰辛与努力的成果极少被提起，即使偶有相关研究将其作为参考文献，却大都评价其仅仅是“开始关注火药研究这一课题，但由于处于研究的初级阶段并未取得巨大影响及成就” [②]。曹焕文的火药史研究不仅消失在国内学界，在国际上则更无踪迹可寻，这个现象颇令笔者不解。在曹焕文论文的“自序”中，明确记录已将该论文交付英国“力学教授”

① 这篇“序言”讲道：“我的手稿只有一份，尚未录有副本，由中国到英国谁也不敢担保在途中不遇险，常时放置伦敦谁敢保不受炸弹，设有烧毁，我廿年心血完全毁弃，几经考虑之后，认为手稿赴英为险事！”此处所云“廿年心血”，正是他自 1921 年考入东京高等工业学校开始留心中国火药史研究的一个阶段小结。

② 强忠华. 宋代火药应用研究［D］. 上海：上海师范大学，2009：1.

带往国外发表，但并未继续追踪其是否发表，以及发表在何种刊物上。而要探索这个问题，则需厘清曹焕文“自序”中的这段中英交流的旧事所涉及的问题。

1.“伦敦力学教授”究为何人

重读曹焕文自序内的记述：

> “缘于卅年之际，正当中国与英美结成同盟之瞬间，英国为求与我国结欢计，派来了名士多人，其中有一位伦敦力学教授，名字因为年隔已久，现已记不真确。这位老先生企图交换中英文化，组织了一个机构，既将英国各种科学介绍中国，还要介绍中国各种情形于英国。他特别重视中国文化，故对于中国古代文明极力研究，不知如何访察，得知我研究中国火药史。他对此尤感兴趣，拜托黄海化学研究社社长孙颖川先生向我交涉，要求将我原稿借给他，他带到伦敦研究介绍后再送还我。……今英国教授走此路线向我交涉，介绍人再妥当不过，任如何我不能不念孙先生交谊，对本人学术，两得其便，何乐而不为？只对于原稿送英一点，不无顾虑。……此外尚有一绝大顾虑，当时正在战争之中，中国逐日受敌机轰炸之洗礼，伦敦还不是一样么？我的手稿只有一份，尚未录有副本，由中国到英国谁也不敢担保在途中不遇险，常时放置伦敦谁敢保不受炸弹。设有烧毁，我廿年心血完全毁弃。几经考虑之后，认为手稿赴英为险事，最后毅然决然不让送原稿，……权衡之下决定为重编一提要，将重要点择出而贯串之，虽无原稿然借此即可窥得一豹，因为篇幅少英译也容易，于是乃草成此文，并托孙先生翻译以赠送之，任伦敦教授在英国发表，此时即算如此了结。”[①]

从“卅年之际”“英国名士”“伦敦教授”“企图交换中英文化”“组织了一个机构”“特别重视中国文化”“对中国古代文明极力研究”几项描述看，这位英国教授无疑应是“中英科学合作馆”李约瑟博士。但“力学教授”和“老先生”之说却与李约瑟极不符合——李约瑟本为生物

① 曹焕文. 中国火药之起源［J］. 西北实业月刊，1946，1（1）：14.

化学家且与曹焕文同年（1900年生）。再三阅读上文发现：曹焕文与伦敦教授似乎从未谋面，他二人间的所有往来，皆通过孙学悟作为中转。笔者猜测，“力学教授”和“老先生”应亦是孙学悟向曹焕文口述介绍的，这其间可能出现交流的差错；同时，曹焕文在写作“自序”时已有“年隔已久”“记不真确”之说，因而这也有可能缘于曹焕文的误记[①]。

2.《中国火药之起源》论文是否已在外刊发表

若按笔者上面的“猜测”，是李约瑟通过孙学悟的联络，获取了曹焕文摘要论文“中国火药之起源”，则该文在外刊发表，也恰合了“中英科学合作馆”一条任务与宗旨，即向欧洲出版物推荐发表中国学者的论文[②]。笔者故而特查询了《科学前哨》内整理出的已发表在外刊上的中国学者论文一览表——“附录：西方出版物上经‘中英科学合作馆’介绍的中国科学家之科学论文”（APPENDIX：List of Scientific Papers by Chinese Scientists Transmitted by the Sino-British Science Co-operation Office for publication in the West）[③]，在列出的共139篇论文中，查到唯一由王铃发表在*ISIS*的火药史论文，却未有曹焕文的信息。此外，从2011年至今，笔者一直通过网络搜索和邮件咨询的方式，查询或询问过包括英国皇家学会会刊、英国皇家图书馆等[④]，目前仍未获得曹焕文“中国火药之起源”论文发表于外刊的任何相关信息。

---

① 据杨小明教授2019年与剑桥李约瑟研究所图书馆馆长莫非特（John Moffett）先生讨论，由于“民国卅年”（1941）李约瑟尚未到中国，因此该教授应是先期到华交流的某位英国学者，而非李约瑟。笔者尊重并很感念杨先生对学术问题付出的执着，但因如下考虑，仍选择保留自己的观点：一是曹焕文的回忆与事件发生之间跨度过久，有记忆错误之可能；二是曹焕文所谓“中国与英美结成同盟”之时并非1941年，而是1942年以后，其时李约瑟已有赴华准备；三是“组织一个交换中英文化”的专门机构的构思与实践，在近代史上除李约瑟外难见他人。而李约瑟在援华之前已是“英中文化交流合作委员会”的秘书长，已有与中国部分学者的联系，如罗忠恕等，是否存在这些中国学者代为传达信息的可能，还有待进一步研究。

② 肖朗，施峥．李约瑟与近代中英文化教育交流［J］．浙江大学学报（人文社会科学版），2003，22（1）：7.

③ NEEDHAM J，NEEDHAM D. Science and agriculture in China and the west［C］//Science outpost：papers of the Sino-British science co-operation office，1942—1946．London：The Pilot Press Ltd.，1948：287-294.

④ 笔者对曹慧彬女士的一次采访中，听她谈及其父火药史论文于英国皇家图书馆出版的信息，因而尝试查询。

因此，在曹焕文“自序”中仅有的“任伦敦教授在英国发表”的“孤证”面前，除非将来发现新的证据，而就目前看来，曹焕文的火药史论文被李约瑟翻译并发表于外刊的可能性极小。

总之，曹焕文虽在火药起源说上率先提出“中国魏晋炼丹家发明了火药”的推论，并不断被现代学者所证实；撰写了中国最早的火药史研究专著《中国火药全史》；获得了庚款资助与中国科学社的奖励与荣誉……然而，其研究却在纷繁混乱的历史中被“烟尘”所覆盖——为保护研究原始手稿，他失去了可能将其个人及研究成果写入世界史册的机遇。尽管他曾满怀信心地欲将中国火药史继续研究下去，臻于完善，使其成为“世界的名著”，个人成为“学界之巨擘”。但作为化工专家和实业家的他又一次受职责与命运的驱使和改变，从重庆来到自贡自流井，揭开了他在盐化工副产品技术以及盐史研究领域贡献创举的另一篇章。

# 下篇

# 曹焕文运城盐池科技史研究

运城盐池4000余年的历史，与中华古代文明史同起源、共走向。20世纪40年代是运城盐池古今科技研究过渡与转型的萌芽期，曹焕文潜心于用近代科技解释蕴藏于古老制盐技术中的科学内涵，并将盐池副产品的开发利用纳入化学工业计划之中，为盐池科技研究及近代工业的起步做出了奠基性贡献。同时，曹焕文也对盐池生产技术的演进史进行了系统的突破性考证，于卷帙浩繁的古代典籍中提炼出与晒盐技术相关的记载，将从天然结晶、集工捞采的原始利用，到人智进步、开垦畦地的初级晒盐，再到化学发达、技术突破的高级畦晒，以及基于季节气候的畦种技术最终形成的数千年产盐技术演进史，完整地呈现于今人面前，迈出了由科技史角度对运城盐池进行研究的第一步。更重要的是，曹焕文对魏晋时期因炼丹术发达而引起的中国古代化学技术突破的分析，将同属化学领域内的火药与运城盐池畦晒的起源问题联系在一起，为化学史上两个颇具难度的问题提供了独特的研究视角及合理的论证。这些开创性的探索与突破，使运城盐池数千年产盐史中被“经验科学”“不经意”利用的科学原理逐步得到呈现，进入到现代化学工业研究的视野中来。换言之，曹焕文既是将运城盐池现代化的“第一人”，也是运城盐池科技史研究的“第一人”。

# 第四章

# 曹焕文与运城盐池科学研究

## 一、运城盐池近现代研究特征

位于山西省、陕西省和河南省交界的运城盐池，因古从河东郡，因而也称河东盐池；因横跨解州与安邑二境，又称解州盐池（简称解池）、安邑盐池；又因运城旧名为潞村，所以也曾一度被称作潞池。它被誉为"中国死海"，是世界上最早开发的盐池及盐产地，其产盐史达4000年以上[①]，孕育形成了中华上古文明的最初格局，并在数千年文明演进的诸多时期扮演了重要角色，占据了不可忽视的历史地位。盐自古以来都为文学、历史学、经济学以及传统科学等诸多领域所关注，围绕其展开的记述——"上自史传，下迄志书，旁及计臣奏章，私家著述"[②]——极其丰富，又因"盐池成自天然，品质纯净，储量丰饶，採取便利，当海盐井盐未经利用之先，人民食用所需，唯此是赖"[③]，所以有关运城盐池的论著，构成了古代盐史研究中最早也最重要的一部分。然而，随着20世纪以后西方近代科技传入中国与发展，社会政治的动荡变化以及传统盐业生产的技术守旧与封闭，使得运城盐池所产池盐在与长芦盐、蒙盐以及地方保护下的土盐等其他食盐产品的竞争中逐步败退，生产逐渐

① 郑绵平. 论中国盐湖［J］. 矿床地质，2001，20（2）：181.

② 陈信卫. 序言［J］. 盐业史研究，2003（1）：8.

③ 袁见齐. 西北盐产调查实录［M］.（民国）财政部盐政总局，1946：9.

萧条[1]。盐池副产物中大量的芒硝等化工产品由于不被科学认识与利用，废弃堆积，不仅造成资源浪费，更因处理无方而对附近空气、土壤及农作物等造成严重污染和损害。此外，据《晚清民国的河东盐业》分析：

> "从生产方面讲，生产率依然比较低下，生产技术得不到改进，盐池生产方式基本不变，管理中继续沿用老和尚制度，而这种落后封闭的封建管理体系，无疑是阻碍潞盐生产的一大因素。当其他各大盐区的多种盐产品问世时，河东盐池依然单一生产食用盐，盐池的化工资源始终未能得到大规模开发。"[2]

因此，民国时期，运城盐池的生产面临着历史的拐点，围绕盐池近现代化学工业化的科技研究也亟待发端并逐步开展。

当代著名盐业史研究专家、运城学院教授柴继光（1931—2012）曾在《关于运城盐池的著述考略》[3]一文中，将古今运城盐池的相关研究归纳为两种类型，即文艺类与论著类。前者的主体为从上古到清代文人所作的诗词文赋；后者则主要包括了宋、金、明、清的志书。关于从民国发端的近代研究论著，此文仅提到了3种：1935年蔡国器所著《潞鹾纪要》、抗战期间曹焕文所著《西北盐池》以及1936年曾仰丰所著《中国盐政史》。其中，只有《西北盐池》从地质以及化学角度，对运城盐池的地理学成因以及硝板晒盐的化学原理进行了简单论述，其他两部都属于盐法、盐政等角度的探讨。为了详细探究民国时期有关运城盐池研究更精确的统计信息，本书参考《中国盐史论著目录索引（1911—1989）》[4]与《中国盐业史学术研究一百年》[5]中针对中国盐业史论著目录

---

① 赵俊明在《民国时期山西盐业生产和运销浅析》（收入《2014首届河东盐文化历史与开发研讨会论文集》，第154页至161页）中对比了1914—1937年间河东盐的产销变化，认为山西盐的产销受到极大冲击的原因在于："固然有民国政府的新的盐业政策的影响，……山西盐业在民国期间的衰落更多的则是自己内生性的动力不足，不能够适应新的生产方式和运销制度。"

② 孙丽萍. 晚清民国的河东盐业［M］. 太原：山西人民出版社，1993：143-144.

③ 柴继光. 关于运城盐池的著述考略［J］. 盐业史研究，2004（2）：30-33.

④ 陈然. 中国盐史论著目录索引（1911—1989）［M］. 北京：中国社会科学出版社，1990.

⑤ 吴海波，曾凡英. 中国盐业史学术研究一百年［M］. 成都：巴蜀书社，2010.

专门统计的著作成果，对民国时期盐史论著进行详细分类[①]、校对和统计，发现如下结果。

在1911—1949年，国内外共有正式出版及发行的盐史论著358种（国外著者41种，国内著者317种）。其中，“综论”类100种，占比27.9%；“社会”类138种，占比38.5%；“经济”类98种，占比27.4%。“文化”类1种，占比0.3%；“科技”类21种，占比5.9%（图4.1）。而其中有关运城盐池的论著8种，仅占到所有盐史论著的2.2%（图4.2）。同时，其研究角度全部属于“社会”及“经济”类，并未有专门对盐池化工科技进行的研究[②]。中华人民共和国成立以后，针对运城盐池的专门研究在长时期内并不多见。然而，自20世纪80年代开始，相关研究论著则呈现出急速增长态势。以论文为例，笔者通过“中国知网”学术文献数据库，仅以“运城盐湖”为关键词进行检索，查找到期刊、会议以及学位论文共324篇[③]，而其中以化学、化工、地质、环境、生物

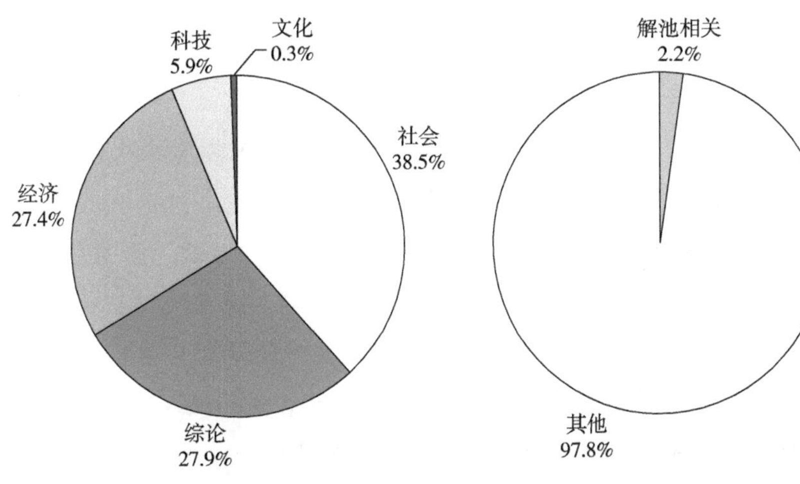


图4.1　民国时期盐史研究出版论著分类比例

图4.2　民国时期解池相关研究论著比例

① 分类标准按照《中国盐史论著目录索引（1911—1989）》分为：“综论”“社会”“经济”“文化”和“科技”5类。

② 1934年，黄海化学工业研究社印行《调查河东盐产及天然芒硝报告》，但因其属于非正式出版物，未选入统计目录；曹焕文的《西北盐池》依据《中国盐史论著目录索引（1911—1989）》分类方式被归入“综论”类。

③ 这里为2015年年初的检索结果。

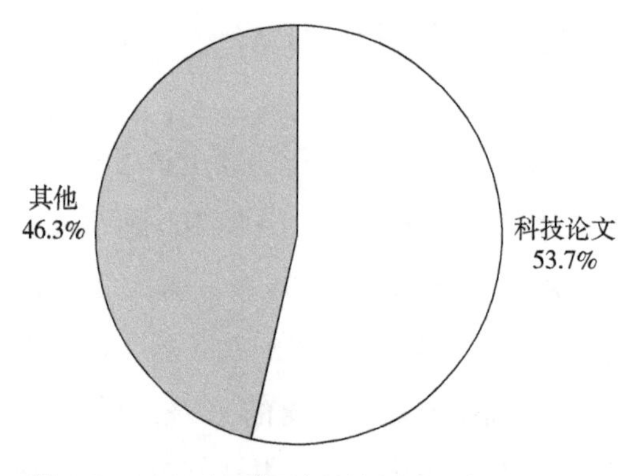

图 4.3　1980 年后解池科技相关研究论文比例

等盐湖学多角度对运城盐池进行科学研究的论文有 174 篇，占比达到 53.7%（图 4.3）。

由此可以看出，民国时期是运城盐池由传统产盐技术发展到近代化工技术的过渡期，当时的中国盐史研究集中于盐务、盐法、社会、经济等方面，缺乏从技术——尤其是化工科技角度的研究；而对运城盐池的科技研究，则更属罕见。日本史学家吉田寅在《中国盐业史在日本的研究状况》一文中写道：

“中国盐业史在日本研究逐步兴盛始于 1940 年。其研究不外乎从法制的或社会经济的角度入手，有关盐业技术方面的研究则微乎其微。在区域性的研究中，其重要课题则是山西的盐池与沿海一带的盐场。”①

因此，彭泽益在 1991 年召开的“中国盐业史国际学术讨论会”上所致开幕词的相关总结，也就不难理解了。

“旧式的盐史研究，大多从‘盐法’和‘盐政’的角度出发，着眼于财政税制和盐务的整顿及完善，来评说‘盐政’或‘盐法’的得失。这显然同适应历代统治者的需要有关，至少没有摆脱其影响。然而，对我们来说，这已经远远不够。即如盐业科学技术方面的重大进步和发明创造，乃至它们怎样出现……这许多重大的课题，不是谈论盐政就能解决和代替的。”②

结合如上统计与论述，笔者认为，民国时期之所以成为运城盐池研

① （日）吉田寅. 中国盐业史在日本的研究状况［C］// 彭泽益，王仁远. 中国盐业史国际学术讨论会论文集. 成都：四川人民出版社，1991：586.

② 彭泽益. 中国盐业史研究树起一座新的里程碑——中国盐业史国际学术讨论会开幕词［J］. 盐业史研究. 1990（4）：73.

究由社会角度到科技角度的过渡期，除去时代的诸外史因素，必也存在内史的原因，即投身运城盐池近代化工业研究的先驱学者，为后来的研究做出了先驱性努力和奠基性贡献。

## 二、曹焕文运城盐池研究成果与贡献

### （一）曹焕文运城盐池研究论文

曹焕文是民国及中华人民共和国成立初期山西工业最重要的建设者和奠基人之一，也是最早关注运城盐池化学工业化、提出盐业整顿及化工产品开发计划，并投入巨大精力进行呼吁、研究与实施的学者。他在20世纪20年代自日本留学毕业后回国，在先后担任山西火药厂技师、工程师及厂长等期间，出于对火药原料氯酸钾的生产需求，曾一度将目光聚焦在了运城盐池“取之不尽、用之不竭”的被当作“弃物”的化工产品上[①]。1932年1月10日，被称为“近代山西工业母体”的西北实业公司在太原筹备时，曹焕文作为筹备委员之一，出任化工组组长，后任工业处处长，担负了“山西化学工业建设之责”[②]。由此以后，他作为工业建设带头人、化工专家和实业家，开始了六七年对解池的潜心研究。

1932年8月，在亲赴运城盐池实地考察后，曹焕文将撰写并发表《整理运城盐池盐务私见》[③]一文提交当局，表达自己对盐池生产所遇症结的研究观点以及整顿盐务、建设工业的建议。在文中，他重点强调了盐池副产硝板的利用愿望，认为过去“硝板堆积如山，废弃满地，利用无术，除去无方，不能不说是暴殄天物，也可说是人事未臧”，从而提出“以绵薄之力，宣传提倡，使社会人士、技术专家深切注意外，个人亦实行作技术之研究，企图以科学之力，化无用为有用，用人力以夺天工”的愿望[④]。

① 曹焕文．运城盐池之研究（未完）［J］．西北实业月刊，1947，1（6）：35.

② 王坚．西北实业公司科学技术研究［D］．太原：山西大学，2011：5-7.

③④ 曹焕文．运城盐池之研究（未完）［J］．西北实业月刊，1947，1（6）：36.

1934 年 7 月，曹焕文再赴运城考察并作《整顿潞盐计划书》，其中特别强调应着力研究“化学工业用盐”“堆积如山”的“副产芒硝”和“苦汁内钾素”等盐池化工产品：

“潞盐晒法虽古，然自古迄今，殊少改变，其制盐一切工作，多不适于今日科学进步之时代。……本省十年建设计划，逐渐实行，各化学工厂次第兴起，而碱及各种副产物为化学工业重要原料，非先期研究，恐不足相辅以成，且同蒲路明年即至运城，煤炭问题瞬将解决，时机已至，不可失也。”①

他极力呼吁社会关注运城盐池现状，早日开始化工业建设，改良盐务，开发盐池其他化工产品。

此外，1935年1月，曹焕文又著《化学工业进行步骤说明书》②，并“印刷成册分散各处征求意见”（图 4.4），分酸碱、电气化学、油脂等共 10 种工业类别、32 项事业进行分别说明，其中涉及运城盐池为“酸碱工业类”中的 3 项（即“运城盐业”“河东制碱”“硫化碱制造厂”）以及“电气化学工业类”的 1 项（即“电解曹达及盐酸加里事业”），因认识到运城盐业所遇现实困境与症结：

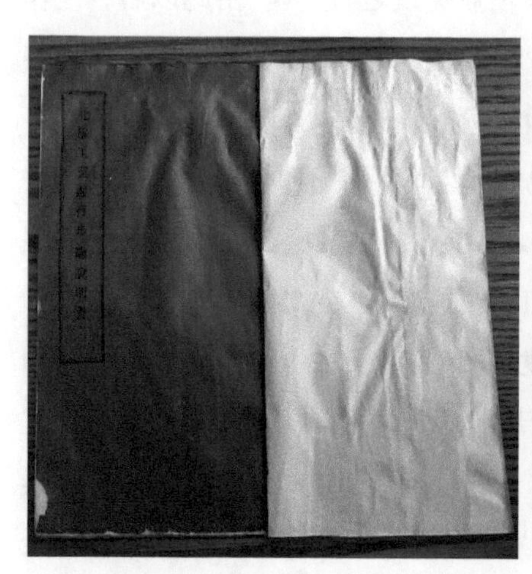

图 4.4　曹焕文著《化学工业进行步骤说明书》（笔者摄于山西省图书馆）

① 曹焕文. 运城盐池之研究（未完）[J]. 西北实业月刊，1947，1（6）：37.

② 曹焕文. 化学工业进行步骤说明书［J］. 中华实业月刊，1935，2（7）：49-56.

“河东产盐，苦无销路，若仿塘沽久大设精盐厂设置，可以销于通商口岸，因无引岸之限制，可增设潞盐销路，并可使人民食洁净卫生之盐。河东盐质之欠佳，现倍受各盐岸之责备，其不能畅销者，盐质之劣亦有关系耳。人民生活程度进化，将来有设精盐厂之必要。惟运城若设精盐，虽不受引岸制之限制，而距通商口岸太远，销路困难，在自己陕、豫、晋引岸，粗盐亦吃不起，乌论精盐，此则应须顾虑，尚非其时，不过人民生活进步，则合卫生之精盐，自然需要，当有设厂之价值，现时似尚不可。现下只可研究精盐技术，以待时机，并即改良运城制盐法，以图改进品质，此则为今日之当急耳。”①

他极力呼吁“改良盐法，改进（食盐）品质”，利用运城粗盐及其他化工原料进行现代化工生产，“设制碱厂，以求工业用盐”。曹焕文提出在河东生产工业用碱的若干方式，以及运城盐池可供给硫化碱、苛性曹达与漂白粉等生产的主要原料，建议设立“河东盐业研究所”及“碱厂、硫化碱厂”，并身体力行，“自己在西北实业公司建设一小规模硫化碱炉，加以研究，成功后又于（西北）窑厂造一大炉，以期社会之需”②。

1932年11月至1935年1月，曹焕文依据自己“对潞盐整顿、运城盐池改良”所实际参与的工作，陆续撰写和发表专门针对运城盐池的“建议、调查、整顿、宣传”性论著8种，并整理为合集《河东潞盐盐务丛集》③。

抗战爆发后，曹焕文随西北实业公司南迁，担任成都、西安公司工程师、重庆中华大学理学院教授、自贡市中央工业试验所盐碱实验工厂副厂长、川康盐务局贡井署稽查室录士等职。利用抗战的几年时间，他辗转四川各盐场，凭借之前在运城盐池调查研究产盐技术的经验，静心专事研究井盐及盐副产品——尤其是战争期间急需之钾盐的提取和利用技术，取得特别的成果。

① 曹焕文．化学工业进行步骤说明书［J］．中华实业月刊，1985，2（7）：49．
② 曹焕文．运城盐池之研究（未完）［J］．西北实业月刊，1947，1（6）：38．
③ 曹明甫．河东潞盐盐务丛集［J］．中华实业季刊，1935，2（1）：131-224．

1940年，他撰写并发表《西北盐池纵览》[①] 一文，总结其考察过的包括运城盐池在内的西北诸盐池生产现状，提出改良呼吁。与此同时，作为教授，曹焕文在传播盐池科技与文化方面一直不遗余力，曾多次进行公开讲演和授课，力图"启发"盐商与社会，繁荣盐化工业。1945年，由"说文社"代为出版印行的《西北盐池》[②]，在当时四川自流井及其他盐产区流传甚广，影响颇大[③]。著作全文约9000字，共9个主要章节分述了西北盐池的价值、历史成因、分布情形等。除去以独特的"硝板晒盐"技术为特点的运城盐池外，文章还在遍布西北广袤区域的50多处盐池中，择取其他盐产区最具特色和代表性的3处（吉兰泰盐池、杭锦旗盐池和青海池）做了分析简述，该文也成为曹焕文盐业理论的代表作之一。

### （二）《运城盐池之研究》——运城盐池科学研究之"奠基石"

尽管曹焕文对池盐的研究视角扩大至与井盐的比较以及整个西北产盐区，但其核心和精华仍是运城盐池。其理论代表作，也非其数十年研究与建设经验的盐业化工及盐史代表作——《运城盐池之研究》莫属。该著作创作于1945年，自1947年1月1日起在《西北实业月刊》（下称《月刊》）以连载的形式分期发表，历经2年时间，分载5卷20期。1948年9月1日的《月刊》第5卷第2期是其连载的终结，虽然该期文后标明"未完"，说明全文并未刊登完毕，但由于战事及其他原因，《月刊》很快停止发刊[④]，这部运城盐池的重要科学研究著作也再未继续发表续文[⑤]。笔者蒐集了《运城盐池之研究》发表于《月刊》的全部内容（图4.5），并进行了详细的统计。

这部著作仅已出版文字，就已达14万余字。文中另配有插图36幅，表格200例。全文分10编37节80项，研究论述了运城盐池地形、水源、

---

① 该文后发表于《北方经济》1940年第1卷第3期。

② 曹焕文．西北盐池［J］．西北实业月刊，1946，1（2）：8-15．

③ 曹焕文．运城盐池之研究（未完）［J］．西北实业月刊，1947，1（6）：38．

④ 1949年2月1日第6卷第1期后结束发刊。

⑤ 笔者在对曹慧彬女士的采访过程中，获悉《运城盐池之研究》曾有完整原始手稿的留存，但遗憾的是，20世纪八九十年代因外借学术参考，原稿暂时遗失，有待进一步搜寻。

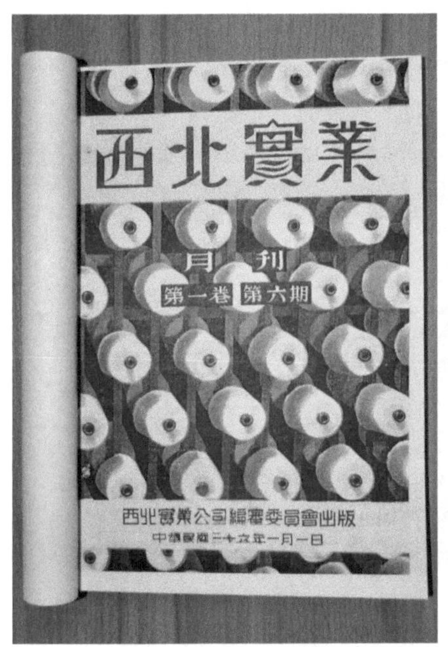


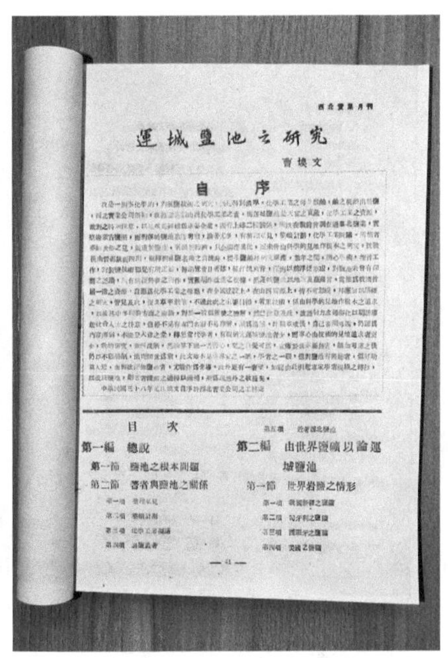
西北實業月刊

運城鹽池之研究

曹煥文

自序

目次

第一編 總說

第一節 鹽池之根本問題

第二節 晉省與鹽池之關係

第二編 由世界鹽礦以論運城鹽池

第一節 世界岩鹽之情形

— 41 —

图 4.5 《西北实业月刊》登载曹焕文著《运城盐池之研究》(图为笔者整理复印本)

地下矿脉等的形成及发展历史，运城盐池从上古至近代晒盐技术的变化演进，以世界代表性盐矿、盐湖以及四川自流井盐井与运城盐池进行比较分析；同时，用化学方法对盐池卤水成分进行了鉴定，科学分析其与气候的关系；由对畦晒咸水钩配“甜水”的原理探索，进行“卤水自然变化及降低浓度的研究”；系统研究了硝板的化学成分、成因、硝板晒盐法的化学作用以及其科学利用的工业计划。鉴于运城盐池著名的防水工程，著作从历史、地理等角度入手，对“疏水河渠”“拒水堤堰”和“护池泄水滩”进行理论梳理与解释。

可见,《运城盐池之研究》是一部完整的运城盐池科技研究专著。

## 三、硝板晒盐科学问题研究

曹焕文在《运城盐池之研究》中对运城盐池诸多关键性化学工业问题进行了深入详细的探讨，并得出了科学的解释与结论。然而，由于运城盐池晒盐必须依赖于“硝板”(图 4.6)，并且硝板的厚度决定食盐品质的优劣，致使硝板化学成分的鉴定成为其相关研究的重心。

图 4.6　运城盐池“硝板”样品
（其上标签记有“白钠镁矾”化学式，笔者 2014 年摄于河东盐业博物馆）

## （一）“硝板”成分的首次鉴定

曹焕文曾于 20 世纪 30 年代即在运城盐池对硝板成分进行过取样分析，并送至日本东京工业试验所进行鉴定①。虽因抗战遗失部分结果，但在《运城盐池之研究》中，他仍提供了一张“硝板分析成分表”，对 5 份硝板样本的成分比例进行分析，其结果如表 4.1② 所示。

**表 4.1　曹焕文硝板采样成分分析表**　　（单位：%）

| 成分 | 样本号 | | | | |
|---|---|---|---|---|---|
| | 1 号 | 2 号 | 3 号 | 4 号 | 5 号 |
| 芒硝（$Na_2SO_4$） | 41.89 | 43.21 | 69.77 | 42.20 | 40.30 |
| 硫酸镁（$MgSO_4$） | 35.22 | 34.50 | 17.73 | 36.06 | 25.56 |
| 水（$H_2O$） | 22.12 | 21.82 | 11.18 | 22.07 | 15.31 |
| 食盐（NaCl） | 1.13 | 1.43 | 1.60 | 0.97 | 18.03 |

根据上表数据，曹焕文认为硝板主要成分是“芒硝与硫酸镁的结合

①② 曹焕文．运城盐池之研究（续）[J]．西北实业月刊，1947，2（3）：16.

物”[1]，其中“尚含有结晶水”。“硫酸钠与硫酸镁结成之复盐”通常有3种形态：钠镁矾（Loeweite，化学式：$Na_2SO_4 \cdot MgSO_4 \cdot 2.5H_2O$）、白钠镁矾（Astrakhanite，化学式：$Na_2SO_4 \cdot MgSO_4 \cdot 4H_2O$）以及无水钠镁矾（Vanthoffite，化学式：$3Na_2SO_4 \cdot MgSO_4$）。其中，无水钠镁矾由于不含结晶水的缘故，不可能作为硝板的成分；钠镁矾与白钠镁矾的化学成分比例如表4.2和表4.3[2]所示。

**表4.2　曹焕文钠镁矾化学成分分析表**　（单位：%）

| 成分 | 百分比 |
|---|---|
| $Na_2SO_4$ | 45.76 |
| $MgSO_4$ | 37.54 |
| $H_2O$ | 17.34 |

**表4.3　曹焕文白钠镁矾化学成分分析表**　（单位：%）

| 成分 | 百分比 |
|---|---|
| $Na_2SO_4$ | 46.67 |
| $MgSO_4$ | 34.52 |
| $H_2O$ | 23.81 |

根据表4.2、表4.3与表4.1的结论对比可知，钠镁矾成分比例与硝板差距稍大，而白钠镁矾的成分比例与表4.1中硝板样本1、2、4非常接近，曹焕文依此推断：运城盐池晒盐的硝板成分为“白钠镁矾”（$Na_2SO_4 \cdot MgSO_4 \cdot 4H_2O$）[3]。

该结论至今仍是学界对硝板成分鉴定普遍接受的定论。“新中国成立后，经轻工业部盐源勘探队和山西省地质局214队、216队等单位先后在运城盐湖进行不同程度的地质工作”[4]，探得“沿盐湖分布”的17个硝板矿体中最大的3个矿体矿物“主要为白钠镁矾、芒硝、无水芒硝、

①② 曹焕文．运城盐池之研究（续）[J]．西北实业月刊，1947，2（3）：17.

③ 曹焕文．运城盐池之研究（续）[J]．西北实业月刊，1947，2（3）：18.

④ 山西省二一四地质队．山西省运城盐湖矿产地质开矿与开采利用现状[J]．青海地质，1983（3）：170.

钙芒硝及石盐"[①]；柴继光也曾将曹焕文的"硝板成分分析表"及鉴定过程进行引用，并使用"山西省 214 地质队"1987 年对白钠镁矾成分鉴定的"勘探报告"结果与之进行了对比，对曹焕文研究及结论给予肯定[②]。

### （二）芒硝来源的科学解释

关于运城盐池芒硝的来源，曹焕文最初认为其应来自地下未被抽出的卤水，"系由泉水将地层内之芒硝矿溶解而来"[③]。但随着调研的展开和深入，他发现了与预想不同的结论，即根据对盐井内卤水采样[④]成分检测分析（表 4.4）[⑤]发现，"咸水并未含有芒硝，其硫酸根是以硫酸镁状态存在于溶液中的"。

**表 4.4　曹焕文运城盐池盐井卤水成分分析表**　　（单位：%）

| 成分 | 样本号 | |
|---|---|---|
| | 1 号 | 2 号 |
| 不溶解物 | 0.0140 | 0.0002 |
| 硫酸钙（$CaSO_4$） | 0.0740 | 0.0560 |
| 硫酸镁（$MgSO_4$） | 3.9600 | 10.4480 |
| 溴化镁（$MgBr_2$） | 0.0090 | 0.0850 |
| 氯化镁（$MgCl_2$） | 3.0280 | 11.9860 |
| 氯化钾（KCl） | 0.0480 | 0.0460 |
| 氯化钠（NaCl） | 20.3000 | 6.3820 |

因此可推断，芒硝的产生势必发生在卤水被抽到地表以后。运城盐池卤水比之世界其他地方，有两种显著特点[⑥]：其一为硫酸镁含量很高，达到 5.548g/100ml，是"世界未有"；其二，氯化镁含量高达

① 山西省二一四地质队．山西省运城盐湖矿产地质开矿与开采利用现状［J］．青海地质，1983（3）：175.

② 柴继光．潞盐生产的奥秘探析［J］．运城高专学报，1991（3）：119-120.

③ 曹焕文．运城盐池之研究（续）［J］．西北实业月刊，1947，2（3）：18.

④ "1 号"样本为"含盐分较高"的卤水；"2 号"样本为"含盐分较低"的卤水。

⑤ 曹焕文．运城盐池之研究（续）［J］．西北实业月刊，1947，2（3）：29-30.

⑥ 曹焕文．运城盐池之研究（续）［J］．西北实业月刊，1948，4（4）：18.

4.173g/100ml，而美、英、德等国产盐名地的卤水中氯化镁含量仅为0.08 ～ 0.48g/100ml，我国四川自流井盐井卤水中的氯化镁含量也仅为0.33 ～ 0.403g/100ml。运城盐池卤水独特的成分比例表现出，其中的化学“变化亦与它处歧异”[①]。曹焕文分析认为，卤水出地表后受到气候温度的影响，其中各种成分“发生种种变化，以生成各种各样之复盐，而此复盐生成之后，又因温度之升降，复行分解，分解后又依其性质与其他盐类重行化合，可能又成新的复盐，复盐又可分解，分解又可化合，而且有结晶析出者，析出又溶解者”[②]。总之，卤水中各成分间的化学反应，与气温关系异常密切。因此，曹焕文结合1936年运城全年各月气温变化的统计情况[③]研究认定：常温状态下，卤水中的硫酸镁与食盐不会发生反应。但当运城气温最低的当年12月至次年2月，温度降至 -4℃以下时，二者会发生“复分解反应”，生成芒硝，其化学反应式为：

$$2NaCl+MgSO_4+10H_2O \rightarrow Na_2SO_4 \cdot 10H_2O+MgCl_2$$

当气温升高，芒硝与氯化镁又会发生逆反应，生成硫酸镁和食盐，溶解于卤水中。因此运城5—8月气温在38℃以上，成了“成盐之极佳时期”。同时，地下卤水中不含芒硝的原因，也是由于氯化镁含量多，与芒硝发生了如下化学反应：

$$Na_2SO_4+MgCl_2 \rightarrow 2NaCl+MgSO_4$$

此外，曹焕文还对芒硝的溶解度与温度变化之间的关系进行了研究，结论认为：“芒硝（$Na_2SO_4 \cdot 10H_2O$）之冰晶点为 -1.2℃，其浓度系水100g含5.02g……，故于低温之际能将其分离析出，温度一旦升高而其溶解度亦突然增大，此所以春夏之际不能使之析出。”“运城气候10月为 -0.5℃，11月为 -1℃，12月为 -11℃，1月为 -10℃，2月为 -5℃，此五个月中芒硝皆可结晶析出。”[④]

至此，曹焕文通过对运城气候温度的考察及盐井卤水的化学检测与

① 曹焕文．运城盐池之研究（续）[J]．西北实业月刊，1948，4（4）：18.

② 曹焕文．运城盐池之研究（续）[J]．西北实业月刊，1947，2（3）：27-28.

③ 曹焕文．运城盐池之研究（续）[J]．西北实业月刊，1947，2（3）：28-29.

④ 曹焕文．运城盐池之研究（续）[J]．西北实业月刊，1947，2（3）：33.

研究，解释和解决了运城盐池芒硝生成与结晶的问题。

### （三）硝板晒盐作用的提出

有关硝板晒盐化学作用的研究，《运城盐池之研究》专设一编（即第九编）进行讨论。其中，曹焕文总结并提出了硝板晒盐的3个特别作用[①]，即"化学变化作用""吸热保温作用"以及"助长晶析作用"，并针对每种作用进行了详细的解释与探讨。

（1）在"化学变化作用"研究中，曹焕文给出了硝板生成的温度"转移范围"为"22～24.5℃"。在此范围内，卤水中的硫酸镁及芒硝因生成硝板的化学变化而被"驱除"，即去除了食盐的杂质，从而使结出的食盐纯净而粒圆饱满。

（2）"吸热保温作用"涉及了天日晒盐两个重要条件之一的"热量供给"（另一辅助热源为"南风"）。曹焕文对硝板（白钠镁矾）透热度及运城晒盐"热传导、对流、辐射兼而用之"的复杂特点进行了深入的研究。他认为结晶畦硝板上下都有卤水，日照热量通过上层卤水传导至硝板，再传导至下层卤水。当夜间气温降低，下层卤水保存的热量通过硝板逆传导，可以继续支持上层卤水的蒸发，使结晶成盐昼夜不停。

（3）"助长晶析作用"则通过晶体学对食盐结晶过程的几何性质、物理组成、化学结构等方面的讨论，以《西北盐池》对硝板盐结晶特点的简述为基础，详细研究了食盐在硝板上结晶由下至上生成的过程，即结晶核的"生成"与"生长"。

由于这3个作用在解释解池硝板晒盐独特生产方式方面的重要意义，曹焕文的研究理论深刻影响甚至决定了后来的相关研究，甚至在这项课题的专门研究中，形成了一种规范与共识。例如，柴继光在《潞盐生产的奥秘探析》中对曹焕文硝板作用的研究数据以及结论，作了大篇幅的完整的"引用"[②]；陈惟同、张正明等学者也在相关研究中借鉴或承

---

① 曹焕文．运城盐池之研究（续）[J]．西北实业月刊，1948，4（4）：17-25.

② 柴继光．潞盐生产的奥秘探析[J]．运城高专学报，1991（3）：62.

认了曹焕文的研究结论[①]。近年出版的《山西科技史》[②]以及《山西传统工艺史纲要》[③]等山西地方科技史著作内有关解池硝板化学作用的阐述，其遵循的规范，显然亦遵循半个多世纪之前曹焕文的研究体例。

## 四、运城盐池产盐技术演进史研究

运城盐池数千年晒盐历程中，其生产技术大致经历了从远古的“天然捞采”到人智介入的“天日晒盐”，再到成于唐而兴于宋的“垦畦浇晒”，这3个技术突破是以解池独特的地理、水文、气候等条件的融合为基础，伴随了古代化学理论与实践的发展而形成的。曹焕文站在盐池生产技术古今过渡的历史拐点上，对技术演进史做了细致的梳理，对每种技术革新的形成追本溯源，结合文献考证、实地考察及科学推理的方法，得出了诸多影响深远的相关研究结论。

### （一）从“天然捞采”到“人工畦晒”

运城盐池古有大、小池之分，大池指地处古安邑段的盐池，小池即“女盐泽”。最早的记载见于北魏郦道元的《水经注》（卷六·涑水）：

> “（解）池西又一池谓之女盐泽，东西二十五里，南北二十里，在猗氏故城南，春秋成公六年晋谋去故绛，大夫曰郇瑕地沃饶近盬，服虔曰土平有溉曰沃。盐盬也，土人乡俗，裂水沃麻，分灌川野，畦水耗竭，土自成盐，即所谓盐鹾也，而

① 王长命. 北魏以降河东盐池时空演变研究［D］. 上海：复旦大学，2011：81. 文中指出：“至于硝板晒盐的益处，曹焕文、柴继光、陈惟同、张正明诸研究者已经提及，大体分为物理和化学作用，尤其以化学作用为巨。‘其一为加水分解作用……其二吸热保温作用……其三为助长晶体析出之作用……’”

② 温泽先. 山西科技史［M］. 太原：山西科学技术出版社，2002：208-209. 文中指出：“在硝板上晒盐，不仅省工，而且能有诸多良好的作用。譬如，分解作用。由于硝板的分解使卤水增加了新的成分，从而能去掉妨害池盐质量的硫苦，使盐味不再苦涩；吸热保温作用。硝板白天吸收热能，夜晚又放出热量，可以保持晒盐所需的温度；晶析作用。在硝板上晒盐，能够促进盐晶的生长。”

③ 山西大学“山西传统工艺史”编写组. 山西传统工艺史纲要［M］. 北京：科学出版社，2013：141.

味苦号曰盐田，盐盬之名始资是矣。”①

其中所谓“盐盬”，有《周礼》（卷二）记曰：“盐人掌盐之政令，以供百事之盐。祭祀共其苦盐、散盐。……”苦盐即“盬”，唐朝人司马贞《史记索隐》（卷一百二十九·货殖列传）中有“盬音古，按周礼盐人云，共苦盐，杜子春以苦读盬，谓出盐直用不炼也”的说法，而曹焕文解释为“杂质与石盐相混，分离之技术不够，而味自苦也”②。对于“裂水沃麻，分灌川野，畦水耗竭，土自成盐”的产盐技术，曹焕文称其本人曾得亲见产盐之场景：

“著者曾亲见山西清源县之白盐制法，即系将土地摊平，分成畦状，畦旁有水渠以便流水，即将其水分为几畦等于将麻裂为几股，水灌畦内即系分灌川野，水注入池中后经天日蒸发，水分挥去，盐质留于土上，再复注水而晒之，几度之后则盐质甚多，成为结晶。……此种晒盐之地号为盐田，是则天日晒盐之方法业已开始，而畦晒之法亦于此时滥觞于世。”③

由此说明，此时的晒盐技术，并非只有上古因袭而来的“天然结晶、集工捞采”，也有部分之畦地晒盐。曹焕文再结合明代顾炎武《日知录》、汉代《史记·货殖列传》及南北朝时期宋裴细《史记集解》的记载，对“郇瑕”与“猗氏”进行考证，分析认为最早的畦晒只在河东的小盐池（即女盐池）中局部展开，而解州与安邑的大盐池，则仍纯恃天然。他解释道：

“大凡科学之出生与进步，皆有其径路可寻，循轨而进，一层一层发展，决不可能跃等而进，所以运城之晒盐先滥觞于小池。因小池之咸水浓度高，控制易而利用亦易，故源始于此。反之大池之中，池水汪洋如海，古昔之世，人智初开，只有望洋兴叹而莫可奈何，除等待天然之结晶外，再无其他办法；必须文化进步，排除天然障碍之技术发达才能将池变为陆地，只用本身咸泉，而后改捞取为人工之晒盐法也。”④

① （北魏）郦道元．水经注［M］．清乾隆（1753）黄晓峰校刊本．

② 曹焕文．运城盐池之研究（续）［J］．西北实业月刊，1947，3（1）：72．

③ 曹焕文．运城盐池之研究（续）［J］．西北实业月刊，1947，3（1）：75．

④ 曹焕文．运城盐池之研究（续）［J］．西北实业月刊，1947，3（1）：72．

可见，天然生盐与人工畦晒之间的历史界线并不绝对明晰从而割裂，曹焕文对于科学史的态度与观点也可见一斑，即科学发展是“循序渐进”而非“跃等而进”的；同时，某种技术的出现必存在其历史与客观条件，譬如“小池畦晒、大池捞取”的现实背后，正是小池与大池咸水浓度高低以及人的客观干预能力限制。关于畦晒制盐的历史年代，曹焕文以上文所引《水经注》中东汉人服虔的叙述为据，认为“服虔既已明确地说‘裂水沃麻分灌川野，畦水耗竭土自成盐’，则天日晒盐之原则人工制盐之方法，在东汉时已明确地公开论述，故此种方法当在早时业已实施矣”。因而得出结论：

“服虔为学者，只就事实以解经；太史公之《史记》，则叙史实。故天日晒盐之方法，由上记载而论，确认战国之际早已开始，至晚在汉代已通行为平凡之事实矣。”①

关于大池天然结晶出盐的记载,《水经注》记曰：

“河东盐池谓之解盐，今池水东西七十里，南北十七里，紫色澄渟，浑而不流。水出石盐，自然印成，朝取夕复，终无减损。”②

其中所记池水“紫色澄渟”，与宋代沈括在《梦溪笔谈》（卷第三·辨证一）中所述的“卤色正赤”，都是对饱和卤水颜色的记录。池水经天日蒸发，食盐达到饱和后即会结晶析出于池底，需要人工捞采。曹焕文因之而论：

“由《水经注》而论知北魏以前，盐池之采盐系取天然之结晶，尚无其他之方法”。③

相对上述小池于春秋战国时期即开始畦晒而言，大池的天然结晶则持续了更长的历史时期，“则移后千百年，费几代之力，方得改造为人工盐池”④。曹焕文也因之而感叹：“可知沧海变桑田，人智夺天工之技巧，诚为不易也。”“天日晒盐”技术的实现，非极端严格之条件而不可得：

① 曹焕文．运城盐池之研究（续）[J]．西北实业月刊，1947，3（1）：76.

② （北魏）郦道元．水经注［M］．清乾隆（1753）黄晓峰校刊本．

③ 曹焕文．运城盐池之研究（续）[J]．西北实业月刊，1947，3（1）：72.

④ 曹焕文．运城盐池之研究（续）[J]．西北实业月刊，1947，3（1）：72.

"多雨地带不相宜，渗水地质不相宜，必须风力适当干燥合宜，方可利用天日蒸晒。"①

大池之所以未能与小池同时实现畦晒，一个主要原因是"大池在初因无特别方法防水，不免汪洋弥漫有于大海，畦晒之法难以实施，故只得採取自然之结晶谓之捞取"②。依据《古今图书集成》所记："解盐池……去平地深数仞如盆底，水常停滀渗透，润下作咸，……池外诸涧谷水皆四来奔赴，池水溢则盐不生。"曹焕文分析道："在水经著作之时代汉魏之际，已採取防止水之淫滥，但方法不详，惟可考知者汉代有永丰渠流经池北，即系疏水之目的也未可知。"③ 由此，他提出畦晒在大池得以实现的关键条件即为防水工程的兴起。

### （二）从"初级畦晒"到"高级畦晒"

《河东盐政汇纂》（卷之一·鲜池）内"古惟集工捞采，收自然之力。李唐以后，有制畦浇晒法"的观点，是将解池畦晒技术与之前原始的"天然结晶、集工捞采"的生产方式进行了割裂。这显然是以"是否假借人智"来区分生产方式的简单的二元分类法，即"垦畦浇晒"是人的发明，而"天然结晶"则全恃天工，没有人类技术的创生与介入。上述曹焕文的考证与结论最早提出技术发展的"循序渐进"观点，即二者之间并非绝对明晰地割裂，技术的产生是不可"跃等而进"的。"垦畦浇晒"是公认的运城盐池独特的晒盐技术，然其"独特"之处既非"垦畦"，亦非"浇晒"。它是古人利用天日、南风以及硝板上卤水化学变化等逐渐总结形成的产盐技术经验的综合，其技术关键是化学除杂④。初行于春秋战国时代的人工畦晒，只是垦畦浇晒的"萌芽状态"⑤。

由于解池卤水中包含硫苦与芒硝等产盐杂质，萌芽期的畦晒技术既未能认识杂质及硝板的化学本质，也不可能利用溶解度、饱和度等概念，以及利用硝板化学变化原理将杂质与食盐分离，从而导致所晒之盐

① 曹焕文．运城盐池之研究（续）[J]．西北实业月刊，1947，3（1）：74.

②③ 曹焕文．运城盐池之研究（续）[J]．西北实业月刊，1947，3（1）：76.

④ 柴继光．潞盐生产的奥秘探析 [J]．运城高专学报，1991（3）：119-120.

⑤ 中共晋南地委调查研究室，中共运城盐业化工局委员会，山西师范学院历史系．银湖春光：山西运城盐池发展史（内部发行），1961：18.

仍然味苦而质差。硝板制盐以及“咸淡水钩配”技术的出现，正是古人为提高池盐纯度以改善盐质，在长期的科学实践中取得的技术突破。

因此，“垦畦浇晒”从表象意义上可理解为以畦地和太阳热能的利用为基础的晒盐技术，但本质上却分为两个渐进形成的技术阶段：其一是以开垦畦地晒盐的初级技术（“初级畦晒”）；其二是以利用硝板和咸淡水钩配原理除杂晒盐的高级技术（“高级畦晒”）。

关于垦畦浇晒的兴盛时期，盐史研究一般论定其始于唐朝。但初级到高级技术的转变，关键在于晒盐时对卤水过滤除杂的实现，这必然发生在古代化学理论与实践大进步的时期。曹焕文因此将目光聚焦到我国古代炼丹术兴起的魏晋南北朝时期。前文已经论述了曹焕文在20世纪二三十年代专门针对中国火药史进行的研究及成果，他对中国火药起源的年代考证结论是：炼丹术大兴的“魏晋之际是火药发明在技术上最可能的时期，南北朝则是这一技术‘公表于世’的时期”。因同为中国古代化学相关问题，在研究运城盐池晒盐技术演进时，曹焕文将火药的发明与之相互关联，并对苦盐除杂的化学应用进行了分析：

> “著者研究中国火药之起源时，发现中国化学之开始，发端于医药，而化学之进步，则孕脱于中国之炼丹术。盖炼丹术发端于汉代而盛于魏晋，……炼丹术系研究物质变化、药物性能，……而化学药品之性能亦逐渐认识清楚，……所以魏晋南北朝之后，到及隋代而火药杂戏出现于世，并非偶然。食盐本为化学制品，而其生出又与各种杂质相伴，如芒硝、硫苦等有不易分之关系，非将此种杂物之性能清楚及其分离结晶之精细操作，而后方能做成质佳之盐。……但是炼丹术发达之后，药物之学进步，化学亦随之大形发达，而制盐术为化学操作之主要者，当然可能随之而较前进步，而将上代之苦盐，用化学之方法可能改善为质美之物矣。”①

通过如上对炼丹术兴盛导致古代化学“大形发达”的精妙论述，曹焕文深刻意识到：魏晋南北朝炼丹术之发达，为不论火药起源还是池盐生产技术的突破，都提供了极大的历史可能性。解池著名的防洪水

① 曹焕文．运城盐池之研究（续）[J]．西北实业月刊，1947，3（1）：77．

渠——姚暹渠修筑于隋代，结合本书上述畦晒技术出现的前提——防洪水利，曹焕文也一度推测其目的即实施解池垦畦浇晒的盐业生产。只因隋代文献未出现相关记载，而唐朝张守节《史记正义》中有对解池畦种时“天雨下池中，咸淡得均，……以日暴之，五六日则成盐”的记录[①]，证明畦晒在唐代应“通行已久”，人们对“畦晒之办法亦彻底明了，更对制盐方法之进步亦知其程度矣”，因而只能以唐考为畦晒兴盛之时期。总之，曹焕文对运城盐池晒盐的技术演进，持“发端于魏晋而成于唐代”的观点[②]。

### （三）垦畦浇晒及其发展

垦畦浇晒法在宋代臻于完善，一方面是畦地规模的扩大，曹焕文在对《天下郡国利病书》《山西通志》《解州志》《梦溪笔谈》等文献志书中记录的畦地数量进行对比论证，极早得出了运城盐池晒盐畦地于宋代已达2400余畦的结论[③]；另一方面，“至于宋代之制盐方法，较唐代更为隆重者为风，夏季晒盐时之风，称为盐南风，认为此解盐之特别成因也”[④]。因为南风风速极大，同时携带热量，既加速了卤水的蒸发，也为晒盐硝板上发生的化学反应提供了适合的温度。《天下郡国利病书》记曰：“然议者或谓解池灌水盈尺，暴以烈日，鼓以南风，须臾成盐，……”；《解州志》记曰：“每仲夏应候风出，其声隆隆，俗谓盐南风，盐花得此，一夕成盐”等，说明南风更提高了池盐结晶的速度，唐代“五六日成盐”到宋代已提速为“须臾”或“一夕”成盐。此外，《梦溪笔谈》所记：“大卤之水，不得甘泉和之，不能成盐”，则更将“咸淡水钩配原理”提升为浇晒技术最关键的环节；“其原理盖巫咸河乃浊水，入卤中则淤淀卤脉，盐遂不成”，又表明宋

---

① 《史记正义》卷一百二十九《货殖列传第六十九》中提道：“河东盐池是畦盐，作畦若种韭一畦，天雨下池中，咸淡得均，即畎池中水上畔中，深一尺许，以日暴之，五六日则成盐，若白矾石，大小若双陆，及暮则呼为畦盐。”需要特别说明的是，张守节的这段记载“虽然短短数行，然深得要领，为我们考证制盐方法极宝贵之根据也”，至今一直是研究唐代垦畦浇晒技术利用咸淡水钩配原理，滤除硫苦等杂质而改善盐质的重要的古代文献证据。

② 曹焕文．运城盐池之研究（续）[J]．西北实业月刊，1947，3（1）：77.

③ 曹焕文．运城盐池之研究（续）[J]．西北实业月刊，1947，3（2）：23-26.

④ 曹焕文．运城盐池之研究（续）[J]．西北实业月刊，1947，3（2）：25.

代对解池周围防水系统更加重视。事实上，“宋代之成就为筑堰之功”乃是“先于池东、池南、池西三面曾筑十一堰，可以杜西面之水患；李绰筑堰于王峪口，中条东南之水不至入也。于是中条畦涧之水，分屏东西。”[①] 通过如上之研究，曹焕文认为，宋代的池盐生产技术“已大进步”：

“而其产量已大，史载尝积逋盐课三百三十七万余席，诏征其半，间以积盐多，特罢种，并曾多至两池积盐为阜，其上生木合抱，数不可校，足证盐产之大，而种盐之方法已完备矣。”[②]

明代的“浇晒”技术与唐宋时期在本质上区别并不大，其生产逐步精细化并依四时气候形成了类似“农作”的生产流程，因而称为“种盐”。宋应星的《天工开物》中有运城晒盐的几段记录，曹焕文从中总结出 11 条要点，分 6 部分进行了详细分析，其中谈道：

“种盐时间由春开始，秋后方罢，咸水于春间即引之，迨水浓缩到饱和程度，其色发赤则入结晶畦使之成盐。普通少费时间，若至南风来期，则一宵即成盐，不过盐之生成及硝板之结成则有讨论之余地矣。”[③]

清代之发展主要突出体现在卤水来源上。解池畦晒所用的卤水自古本取自“产盐之母”的黑河，但乾隆二十二年（1757），黑河遭洪水淤塞后，畦晒的卤水来源受到了毁灭性断绝。乾隆四十二年（1777），东场商人发明“滹沱”取卤的方法。光绪初年（1875），盐井出现在运城盐池中[④]。从滹沱或盐井中直接取出的卤水，同样需要灌入畦地中进行蒸发、过滤与结晶，池盐生产的工序较前变得更加精细。而垦畦浇晒技术源于魏晋，成于唐而盛于宋，历经明清，一直蕴藏于经验科学的传统晒盐技术之中。直到民国时期，曹焕文运用东西各方之学，从运城盐池产盐技术发展史中剥离出古代科学之精髓，更运用现代科学以揭开产盐技术之原理。

①② 曹焕文．运城盐池之研究（续）[J]．西北实业月刊，1947，3（2）：26.

③ 曹焕文．运城盐池之研究（续）[J]．西北实业月刊，1947，3（2）：26-27.

④ 曹焕文．运城盐池之研究（续）[J]．西北实业月刊，1947，3（2）：28-30.

# 五、曹焕文与运城盐池科学研究的范式转换

## （一）咸淡水钩配原理

运城盐池最独特的产盐技术——“垦畦浇晒”成自唐而兴盛于宋。关于晒盐时需在咸水中添加淡水的记述，有唐朝人张守节《史记正义》中“天雨下其中，咸淡得均”的描述，也有宋代沈括《梦溪笔谈》[①]的记载：

> “解州盐泽，方百二十里。……卤色正赤，在版泉之下，俚俗谓之‘蚩尤血’。唯中间有一泉，乃是甘泉，得此水然后可以聚人。……大卤之水，不得甘泉和之，不能成盐。”（卷第三·辨证一）
>
> “其次颗盐，解州盐泽及晋绛潞泽所出。”（卷第十一·官政一）

明代宋应星《天工开物》[②]也指出：

> “凡引水种盐，春间即为之，久则水成赤色。……，名曰颗盐，即古志所谓大盐也。”（上卷·作咸第五·池盐）

《梦溪笔谈》所载池水为“正赤”色,《天工开物》亦同。在近代化学未传入之前，神话传说常作为科学最原始的替代而出现——“蚩尤血”，并由此引发出有关盐史文化研究的争论。例如，钱穆（1895—1990）对黄帝与炎帝及蚩尤的上古战争进行考证，认为“阪泉”和“涿鹿”皆在解池附近[③]；张其昀（1900—1981）对此进行了进一步的分析，认同战争起于争夺运城盐池资源的观点，他认为（黄帝）在山西西南隅解县盐池附近，曾大败蚩尤，发生逐鹿之役[④]，以及中国古代盐的来源为山东的海盐和山西的池盐。后者产于解池，故名池盐。……盐，国之

① （宋）沈括．梦溪笔谈［M］．明汲古阁刊本．

② （明）宋应星．天工开物［M］．明崇祯十年（1637）杨素卿序本．

③ 钱穆．国史大纲［M］．北京：商务印书馆，1996：10.

④ 张其昀．中华五千年史［M］．台北：中国文化大学出版部，1981：17.

大宝，这一次炎黄血战，盖为食盐而起[①]，并详细地对其之所以支持钱穆“涿鹿在今山西解池附近”的观点的原因，进行了四点说明：

“一、《山海经》称涿鹿在冀州之野，冀州即今之山西（王国维谓《山海经》所言古事，亦有一部分之确实性）[②]；二、旧志称山西解池为涿鹿或涿泽[③]；三、解池东边安邑县的运城（古名司盐城），有蚩尤城[④]；四、相传涿鹿之役，黄帝曾作渡漳之歌，漳河上游亦在山西境内。……若按照从前学者说法，涿鹿即今河北省涿县，或察哈尔省涿鹿县。那么，以江汉民族的蚩尤，千里迢迢，远至居庸关内外，开辟战场，与其他史实都不能贯通，前无影踪，后无痕迹，那不成了孤零零一棵树了吗？史称黄帝克炎帝于阪泉，擒蚩尤于涿鹿，两者实为一事（阪泉在山西盐池附近）。”[⑤]

而柴继光则在20世纪八九十年代以及21世纪初，曾用11篇论文对此进行了系统的研究与探讨[⑥]。

---

① 张其昀．中华五千年史［M］．台北：中国文化大学出版部，1981：22.

② 《山海经·大荒水经》指出：“蚩尤作兵伐黄帝。黄帝乃令应龙攻之冀州之野。”

③ （清）顾祖禹．读史方舆纪要［M］．北京：中华书局，2005：1904．书中指出：“浊泽，《括地志》：‘出解县东北平地，即涿水也。’涿音浊。《史记》：‘赵成侯六年伐魏取涿泽。’又《魏世家》：‘惠王初立，韩懿侯、赵成侯合兵伐魏，战与浊泽，大破之，遂围魏。’是时魏都安邑，或以为河南之浊泽，误也。今湮。”

④ （清）顾祖禹．读史方舆纪要［M］．北京：中华书局，2005：1904．书中还指出：“司盐城，（安邑）县西二十里。《括地志》：‘故盐氏城也。’……又蚩尤城，志云：在（安邑）县西南十八里。”

⑤ 张其昀．中华五千年史［M］．台北：中国文化大学出版部，1981：22-23.

⑥ 这些论文分别为：柴继光．运城盐池神话传说探微［J］．运城师专学报，1984（3）：8．柴继光．黄帝蚩尤之战原因的臆测［J］．盐业史研究，1991（2）：54-57．柴继光．斗争、融合、发展——读《苗族古歌》琐记［J］．楚雄师专学报，1992（4）：58-67.柴继光．读《中华盐业史》札记［J］．盐业史研究，1992（2）：28．柴继光．沧桑数千年，旧貌换新颜——山西运城盐池的历史演变［J］．盐湖研究，1995，3（2）：76．柴继光．尧、舜、禹相继建都河东探因［J］．寻根，2000（2）：11-15．柴继光．运城盐池与华夏文明（一）［J］．沧桑，2001（4）：44-45．柴继光．运城盐池古今［J］．中国地方志，2003（S1）：51．柴继光．再论蚩尤［C］//运城盐池研究（续编）．山西人民出版社，2004：50-56．柴继光．阪泉究竟在何处［C］//运城盐池研究（续编）．山西人民出版社，2004：57-59.柴继光．中国古代由盐引发的一场部落战争［C］//运城盐池研究（续编）．山西人民出版社，2004：60-65.

“唯中间有一泉，乃是甘泉”，是指盐池中的淡水泉。元代王纬撰《大元敕赐重修盐池神庙碑记》记载（图 4.7 和图 4.8）：

“又所谓淡泉者，旁皆斥卤，惟此甘洌。取盐之际，炎暑蒸郁，蠲渴救暍，濯烦涤汙，惟泉是赖，人不告病。”①

这里甘泉指为炎夏入池采盐的盐工提供饮用与降温的淡水，因而“得此水然后可以聚人”。“天雨”与“甘泉”，是古人对运城盐池成盐机理探讨之开端。解池的垦畦浇晒技术，不以天日曝晒单纯卤水而得盐，必须“天雨下池中，咸淡得均”“大卤之水，不得甘泉和之，不能成盐”，这是运城盐池异于世界所有海盐、井盐、岩盐甚至其他池盐之处。关于这种独特技术，以张守节、沈括、宋应星为经典的历代传统著述，

图 4.7 “池神庙”内“大元敕赐重修盐池神庙之碑”

① 对照运城市河东盐业博物馆（即池神庙）内“大元敕赐重修盐池神庙之碑”原刻碑文，文献（张培莲. 三晋石刻大全 · 运城市盐湖区卷［M］. 太原：三晋出版社，2010：52. 南风化工集团股份有限公司. 河东盐池碑汇［M］. 太原：山西古籍出版社，2000：53. 咸增强. 河东盐法备览校释［M］. 北京：中国社会出版社，2012：335. ）对该段碑文个别文字的抄录有误，将“暍”误抄为“喝”，或将“汙”误抄为“汗”。另外，由于碑体部分破损之故，该处“洌”字取自清代胡聘之《山右石刻丛编》（卷三十二），以及日本的古松和崇志的《元代河东盐池神庙碑研究序说》里面对日本京都大学人文科学研究所藏石刻拓本的记述，而非上述三种著作所载之“冽”字。

图 4.8 “大元敕赐重修盐池神庙之碑”碑文局部

是古人经对盐池生产的观察与思考之后，对此技术经验的如实总结。清朝顾祖禹《读史方舆纪要》卷三十九也有记述：“又中池北百步许有淡泉一区，味甚甘冽，俗谓盐得此水方成也。”然而，对其化学原理的探索与解释，还需待到近代西学终于在解池生根以后。

关于解盐晒制前在卤水中“钩配”淡水的原理，曹焕文则以“溶解度”概念的引入为前提，解释为“为降低（卤水溶液）浓度”[①]。经曹焕文取样检验，解池卤水中包含的与晒制食盐（NaCl）关系最大的成分是芒硝（$Na_2SO_4$）与硫苦（$MgSO_4$）。三者的溶解度随温度呈不同变化（图4.9）：NaCl溶解度随温度变化微小，而$Na_2SO_4$与$MgSO_4$变化则相对明显。卤水若不经淡水钩配，循环使用的晒盐后存留“母液”，在结晶池内由于此三种成分俱已饱和，食盐结晶析出的同时，芒硝与硫苦也必将伴随而生，成为食盐杂质[②]。因此，晒盐前在卤水中掺入淡水，是古人“经验性”地配合了这种“降低浓度”的原理，即在低于20℃以下的时候（冬春季），利用使$Na_2SO_4$与$MgSO_4$溶解度降低容易结晶之特点，去除卤水中的杂质。明吕子固《盐池问对》所记“岁以二月一日，畦户入池，盖庵，制畦，淘沟。俟风至，引水灌种”及宋应星所谓“凡引水种盐，春间即为之”，应是为选择春间的较低温条件。此外，夜间气温降低，卤水中残留的$Na_2SO_4$与$MgSO_4$仍可由于溶解度的降低而结晶去除。

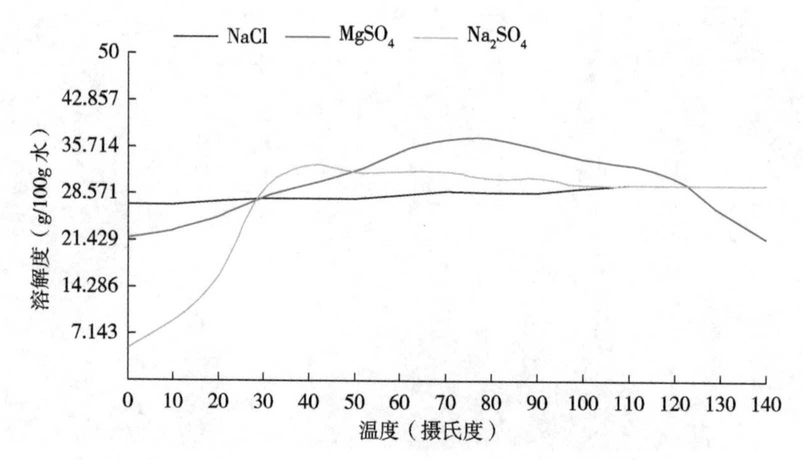


图4.9　解池卤水中食盐、硫苦、芒硝溶解度随温度变化示意图[③]

① 曹焕文. 运城盐池之研究（续）[J]. 西北实业月刊，1948，4（3）：17.

② 唐宋之前，解盐来自集工捞采的天然结晶的多成分混合物，其味发苦，产生了《水经注》所谓“盬”之称谓。《水经注》卷六指出：“郇瑕地沃饶近盬。……盬，盐也……即所谓盐鹾也，而味苦”；另,《敕修河东盐法志·序》也有记：“考自周礼，盐人掌盐之政令，以供百事之盐。祭祀供其盬盐……盬盐者，味甘而咸，即今河东之池盐是已。”

③ 曹焕文. 运城盐池之研究（续）[J]. 西北实业月刊，1948，4（3）：18.

《梦溪笔谈》中的“颗盐，解州及晋绛潞泽所出”与《天工开物》“颗盐，即古志所谓大盐”之说，是指食盐晶体粒大饱满（图 4.10）。曹焕文认为这种颗粒的结成，也缘于咸、淡水搭配的作用。因为食盐晶体的大小，取决于结晶过程的速度。普通盐畦在高温下晒盐时，若有强风助力，结晶速度极快，形成的食盐晶体“质软而透明度低”。但“运城盐池在不知不觉中，深得结晶之法则”，在结晶池中添加适量淡水，使已饱和的卤水浓度瞬间降低，延缓食盐的结晶过程，使最终的食盐晶体“质坚、粒大、色白”。《盐池问对》所载“岁旱，色干白，粒细而芒”，“若得小雨，则颗愈鲜明，故曰颗盐也”，以及《盐池图说》所谓“更时霖小雨，则色愈鲜明，故曰颗盐”，正可用“咸、淡水钩配原理”这一方面应用来解释[①]。

图 4.10　颗粒饱满的解盐（又称大盐、颗盐、苦盐）（笔者摄于池神庙）

### （二）“盐南风”

相传虞舜时代的《南风歌》[②]，应当是有关由中条山吹来的南风与解池产盐关系的最早描述。然而，历代对南风助盐最早的关注却始于宋

① 曹焕文. 运城盐池之研究（续）[J]. 西北实业月刊，1948，4（3）：19-20.

② 此“歌”相传为舜帝所作，文为：“南风之薰兮，可以解吾民之愠兮。南风之时兮，可以阜吾民之财兮。”

代。《梦溪笔谈》[①] 甚而命其名为“盐南风”：

> “解州盐泽之南，秋夏间多大风，谓之‘盐南风’，其势发屋拔木，几欲动地……。解盐不得此风不冰，盖大卤之气相感，莫知其然也。”（卷第二十四·杂志一）

《天工开物》[②] 也记载了明代程序化、精细化的“种盐”生产中南风的重要作用：

> “待夏秋之交，南风大起，则一宵结成。……但成盐时日，与不藉南风则大异也。”（上卷·作咸第五·池盐）

沈括的“多大风”及宋应星的“南风大起”，说明强劲之南风的最基本作用，即流动空气加快卤水蒸发。这是古代盐史研究有关南风最普遍的记载，正如宋代王禹偁《盐池诗》所谓：“鹽风吹作片，烈日晒成垛。”[③]

宋、明著作中都共同提到“夏秋”（或“秋夏”）时期，即将南风第二重作用清晰呈现：携带高温热量。清代蒋春芳《新建歌薰楼记》有记：

> “风自东来，蠢蠢其蒙，曷以起吾民之疲癃？风自西来，景物凄凄，祗以重吾民之惨凄？风自北来，群动休息，孰能苏吾民之困极？维彼南风，吹扇大空，资生盐策，国课攸充，诚足尚已。”

这里生动地描绘了南风与其他方向风之迥异及其对产盐的独特重要性。上述曹焕文解释之“咸淡水钩配原理”，利用卤水中各化学成分在不同温度下的溶解度差异；待结晶晒盐需要高温时，南风恰为畦晒提供了流动的温度环境。这也正是东、西、北风虽有促进蒸发之用但不能助盐的原因之一。因而《梦溪笔谈》的“解盐不得此风不冰”与《天工开物》的“成盐时日，与不藉南风则大异”，都在重复记录与重点强调产盐与携热南风之间不可割裂的联系。

此外，前文阐述曹焕文曾据其对解池盐井内新卤水取样成分的检测，与世界他地卤水对比分析[④]，第一次研究解释了卤水内芒硝形成的

---

① （宋）沈括．梦溪笔谈［M］．明汲古阁刊本．

② （明）宋应星．天工开物［M］．明崇祯十年（1637）杨素卿序本．

③ （清）胡聘之．山右石刻丛编（卷十二）［M］．太原：山西人民出版社，1988．

④ 曹焕文．运城盐池之研究（续）［J］．西北实业月刊，1947，2（3）：14-36．

真相：以离子态存在于地表下的 $Na_2SO_4$，当卤水由井中抽出后，在一定条件下于地表上发生化学反应形成了芒硝。而其中最重要的条件之一，也正是温度。即在常温状态下，卤水中的 $MgSO_4$ 与 NaCl 不会发生反应；但当气温低至 -4℃以下时，二者会发生“复分解反应”，生成芒硝。这以现代科学角度解释了《备览》卷五《坐商》中所载：“夏月生盐独美，春秋生盐多硝”的原理。

综上所述，从宋、明著作到曹焕文的记述与研究表明，运城盐池之“盐南风”不仅作为促进、加速盐畦卤水蒸发的风能存在，而且作为携带热量的辅助热源存在。天日与南风搭配的天然热源，与海盐、井盐、岩盐的煎制和提纯所用热源有着本质的不同，即它符合了运城盐池独特的卤水成分及化学反应的特点，为古代的垦畦制盐或近代的化工产品生产提供了现实条件。

### （三）运城盐池科学研究的范式转换

1. 经验性科学的特征及影响

北魏郦道元、唐代张守节与柳宗元、宋代沈括及明代宋应星等关于解池产盐的典型记述，从方法论上体现了中国古代科学研究突出的“经验性”特点。中国传统科学源于对技术的观察和纪实的“归纳”，区别于近代实验科学的理论归纳。这种原始的经验科学所衍生及附着的技术载体，最终缺乏可以支撑其持续繁衍更迭的理论内涵，形成仅在相邻两代之间具有“因袭性”特征的“单传”形式。带有“因袭性”的经验技术不仅排斥其科学理论的继续附着，而且在缺乏“怀疑”精神的“因袭”过程中将其变作传统“文化”的一部分（图 4.11）。数代“因袭”的技术由于不是“演绎”的产物导致后续“归纳”的可能性的丧失，因而这种科学本身也失去了传承，形成断裂。经验科学和技术的分离随着历史演进使得二者都覆盖了一层神秘的“外衣”：科学越来越表现出神话或迷信等的传奇色彩[①]，而技术则封装成“绝技”等形态。运城盐

① 上文引述《梦溪笔谈》之“蚩尤血”的记载，《水经注·卷六》提道：“盐池紫色澄渟，浑而不流。”至《盐法志》（卷八）及《备览》（卷一）都已入《祥异》目；而技术总工“老和尚”名称的起源更流传为一则传说，详见下文。

池始于明代，废止于20世纪中叶的“老和尚”制度，就是技术封装的典型。“老和尚”是盐池内生产技术的持有者，他们大都是毫无科学理论知识修养的“文盲”，完全凭借长期的经验积累，“在生产技术上很大程度是知其然，而不知其所以然”[①]。他们对上文引述的“咸淡水钩配原理”绝没有“科学的”认识，在实际生产中只是依靠经验，“用手伸进水里”凭借“手感”来做测试。这样的若干代经验技术，与科学之间的距离可谓渐行渐远。

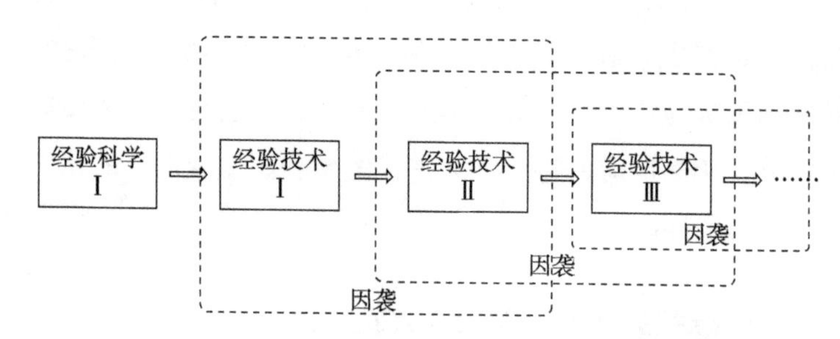


图 4.11　经验性科学与技术“传承形式”示意图

中国古代科学的史学研究，也长时期受到经验科学固有局限的影响。如《天工开物》对解池生产的几处误解——包括所附《盐池图》出现“水牛耕畦”及“砖筑禁垣城堞”的反历史画面等问题[②]，都体现了对传统科学史的研究，单纯依赖对典籍记载的“传承”，而缺乏实证理论对典籍的“反哺”——怀疑下的实证及实证下的批判。

沈括和宋应星对运城盐池的研究（包括上文引述的“咸淡水钩配原理”以及围绕“盐南风”诸问题），止于“现象描述”或“简单猜想”。

又如《梦溪笔谈》[③]所载：

“又其北有尧梢水，亦谓之‘巫咸河’。大卤之水，不得甘泉和之，不能成盐。唯巫咸水入，则盐不复结，故人谓之‘无咸河’。……原其理，盖巫咸乃浊水，入卤中，则淤淀卤脉，

① 柴继光．运城盐池的封建把头制度［J］．运城师专学报，1988（3）：96–100.

② 柴继光．关于宋应星《天工开物》中“盐池”部分一些问题的辨识［J］．盐业史研究，1994（1）：30–32.

③（宋）沈括．梦溪笔谈［M］．明汲古阁刊本．

盐遂不成，非有他异也。”（卷第三·辨证一）

《天工开物》[①] 也说：

“忌浊水，掺入即淤淀盐脉。”（上卷·作咸第五·池盐）

“尧梢”应是沈括因口耳相传而对“姚暹”产生的误读。《备览》卷四《渠堰》有记，巫咸河发源于中条山夏县段之巫咸谷；“姚暹渠”源于夏县王峪口，“引史家峪诸水，合流而东，自东而北，又合巫咸谷水，折而西流，以入姚暹渠”。因此，姚暹水与巫咸河并不等同——姚暹渠蜿蜒“二万二千四百丈”，汇合了包括巫咸河在内的史家峪、苦池水等诸水，最后流入五姓湖。沈括此处研究的前提——“巫咸河即姚暹渠”的概念稍欠严谨准确[②]。另外，即使用巫咸河代表姚暹水，但对于“唯独”巫咸河的淡水不能入池（“唯巫咸水入，则盐不复结”）的原因，沈括推测是河水携带的大量泥沙（“浊水”）淤塞了“卤脉”的缘故。然而，盐池周围“浊水”绝不止于姚暹渠中水，其他洪水漫入池中，也将导致盐脉的堵塞，可见沈括的猜测与解决“唯独”的说法之间也发生了逻辑问题。

“现象描述”“简单推测”常见于古代的盐池科学研究之中。其实，即使“巫咸河”泛指一切“浊水”，导致盐池“不能生盐”者，还有不含泥沙的雨涝。如元代李庭《解盐司新修池神庙碑》记载：“唐大历十二年秋霖，池盐多败。”[③] 曹焕文的“咸淡水钩配原理”所指卤水中掺入的淡水量是控制的，故而称为“钩配”。过量淡水进入盐池，即使没有泥沙淤积，清水冲淡了卤水的浓度，食盐溶液不能饱和，也不会结晶析出。

2. 曹焕文盐池科学研究方法的运用与启示

近代实验科学并非缺少归纳方法，其技术载体包含着理论科学的因子，这与原始的经验技术内含的“文化”完全不同，因为新的技术不再仅是科学的载体。事实上，“科学技术”也不是两种概念的简单并

① （明）宋应星. 天工开物［M］. 明崇祯十年（1637）杨素卿序本.

② 将巫咸河等同于姚暹渠的说法并非沈括创始，而应是当地自古一种普遍的说法，虽不准确，却“因袭性”地传播。如《嘉庆重修一统志》卷一百五十四《解州直隶州》中的表述则更加清晰：“盐水在州北十五里，源出夏县南中条山，一名白沙河，又名姚暹渠，又名巫咸河。”

③ 《山右石刻丛编》（卷二十七）所记“大历十三年”是误抄。《新唐书·叛臣列传》（卷二百二十四）也载：“大历中，淫雨坏河中盐池，味苦恶。”

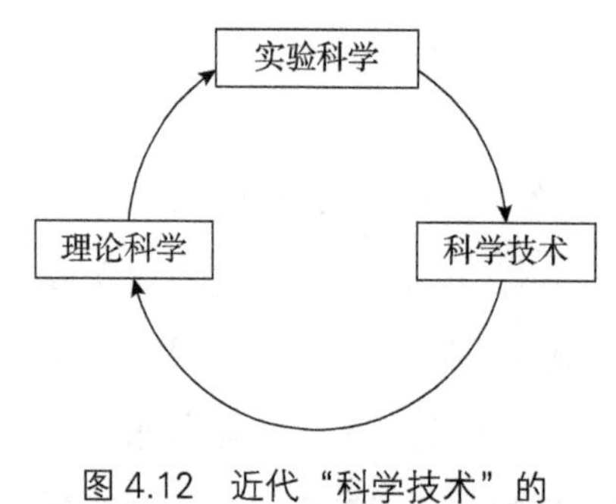


图 4.12　近代“科学技术”的特征及其关系示意图

列（Science and Technology），而成为一种科学（Science-Technology）。这种科学区别于“因袭性”经验科学或封闭技术，具有真正强烈、自觉的“传承”特性，形成了互长互进的延续闭环（图 4.12）。它具有的先天批判精神，使其凸显出活跃的创新生命力。

运城数千年产盐史，至 20 世纪 80 年代完全终结。曹焕文作为首位投身解池化学工业及科技史研究的学者，在学术理论与技术突破方面做出巨大贡献。其中，硝板化学成分的准确鉴定、硝板晒盐的化学原理以及“咸淡水钩配原理”等，成为合理开发利用芒硝等化工产品最基础的科学理论。这是他以中国传统盐史记载为基础，运用现代科学进行的理论探索与方法突破，也正如曹焕文所引用的《诗经》之语：“他山之石，可以攻玉。”同时，如前文所述，他将实验科学理论运用于古老盐池的史实，也可因之而总结为：以“西学”之石攻“中学”之玉。

曹焕文运城盐池的化学研究对“井盐”科技的创新也做出过巨大贡献，又可谓之以“池盐”之石攻“井盐”之玉。

据《中国井盐科技史》[①] 记载，英国专家早在“一战”时即对自流井卤水进行过取样化验，报告书写道：“其出产地，必富有钾矿之层。”中国工程师学会四川考察团于 20 世纪 30 年代初对四川井盐作了全面深入的调查，认为“川盐之重要副产品为氯化钾”[②]。林振翰《川盐纪要》也记道：“欧战 4 年，军用一项钾盐之消费，实非意料所及，即德国最富之地，亦不免有应接不暇之势。”[③] 抗日战争期间，曹焕文作为“自贡市中央工业试验所盐碱实验场工程师兼副场长”，辗转四川各盐场，专事研究井盐及盐副产品利用技术 [④]。他所在的自流井正是在含有“KCl、

① 林元雄，等. 中国井盐科技史［M］. 成都：四川科学技术出版社，1987：507.
② 林元雄，等. 中国井盐科技史［M］. 成都：四川科学技术出版社，1987：507-508.
③ 林元雄，等. 中国井盐科技史［M］. 成都：四川科学技术出版社，1987：510-511.
④ 曹焕文. 运城盐池之研究（未完）［J］. 西北实业月刊，1947，1（6）：35.

$NaCl$、$MgCl_2$ 以及其他钡、溴、锶等盐”的“卤巴”中分离出氯化钾，而其方式是蒸发卤巴水溶液，在氯化钾达到饱和浓度时冷却结晶。这种分离方式产出的“粗氯化钾”需要循环多次进行“蒸发—结晶”以使氯化钾达到纯净，但也造成巨大的煤炭能源耗费。曹焕文发明的“分段溶解法”解决了传统“蒸发—结晶”氯化钾纯度与能源耗费不能兼顾的矛盾：不对卤巴进行一次性溶解，而是利用其中氯化钾、食盐、砂金盐、氯化镁及氯化钙各化学成分的溶解度差异，用水溶剂对卤巴进行二次分段溶解，先去除杂质结晶，从而得到纯度极高的氯化钾。整个过程只进行一次浓缩结晶，不仅产品纯度极高，而且较旧方法可节约 2/3 热能。更重要的是，曹焕文对分段溶解法进行了“改进”：蒸发结晶残余的饱和氯化钾与食盐的“母液”，在冷却时添加淡水以降低溶液浓度。此时随温度降低而溶解度亦急剧降低的氯化钾会有结晶析出。这一改进方法是曹焕文由运城盐池“咸淡水钩配”去除硫苦杂质的方法借鉴而来，二者的原理可谓同出一辙[①]。该段珍贵的科技史料迄今稀见于井盐史研究论著,《中国井盐科技史》仅在“盐化工的兴起”一节中提到一种“工艺简易”的“蒸发和蒸馏”方法来提炼氯化钾，并认为“中国工人终于靠自己的力量，开始了盐卤综合利用”，从而视其为“盐化工业起步”的标志[②]。凌耀仑在《抗战时期的自贡盐业生产及其特点》中提出，卤水的综合利用最早是由 1938 年迁入四川的天津久大盐业公司开始的,“即利用煎盐后的卤水提取化工原料，生产氯化钾、硼砂、溴、碘、碳酸钙等多种化学原料，制纯碱和烧碱，为自贡卤水综合利用开创了新纪元”[③]。《中国盐业史（地方编）》也记载:“久大盐业公司和同时迁来（自贡）的永利制碱公司、黄海化学工业研究社对四川井卤进行化验后，1941 年在久大制盐厂首先设立副产品车间，利用制盐母液生产氯化钾、硼酸、碳酸镁、碳酸钙等 6 种盐化产品，从此揭开盐化工生产的序幕。”而这些研究中均未提到有关于曹焕文“分段溶解法”的技术创新及其产

① 曹焕文. 运城盐池之研究（续）[J]. 西北实业月刊，1948，4（3）：20-21.

② 林元雄，等. 中国井盐科技史[M]. 成都：四川科学技术出版社，1987：521.

③ 凌耀仑. 抗战时期的自贡盐业生产及其特点[C]// 黄健，等. 抗战时期的中国盐业. 成都：巴蜀书社，2011：250.

生的工业促进作用的记载。笔者因之亦查阅了《范旭东企业集团历史资料汇编——久大精盐公司专辑》，仅查得1994年资料记载："自贡卤巴，经黄海社研究结果，知其有制造副产品之价值，故于三十年（1941）夏季筹划副产厂，先制造氯化钾、硼酸、硼砂、溴、碳酸镁、碳酸钙等。"① 而在久大公司"技术人才的任用""设备与技术改进"以及"黄海化学工业研究社"等章节内，只有针对与产盐相关的信函文献，并无战时盐副产品的具体技术记载。因此，曹焕文的两项发明，在目前的相关研究中仍未被重视与挖掘②。

在井盐与解盐生产貌似截然不同的情形下，曹焕文却从科学原理的普适性和技术方法的相通性视角，找到了二者可相互借鉴的道理所在：

> "虽然自流井制造氯化钾与运城晒盐无干，但是改善氯化钾技术之要领为我的分段溶解及降低浓度二法，此种奥妙系著者研究运城固有方法会晤而来，……"③
>
> "虽然南北天涯，然因俱为产盐之地，他山之石可以攻玉。……此盖缘科学为了解自然之根砥，技术为使科学工业化之工具，地虽不同，在科学之理，则无二致。亦曾将运城制盐技术之特点，搬移于自流井而致莫大之效用，并准备于胜利后，将自流井之优良处，移植于运城，而开燦然之花。"④

近代实验科学对古代技术具有"反哺"的作用，原因就在于其精神

① 赵津. 范旭东企业集团历史资料汇编［C］. 天津：天津人民出版社，2006：788.

② 笔者曾于2015年通过自贡市档案馆网站，提交有关战时盐副产品生产的档案查阅申请，得到档案馆工作人员的回复："我馆所存民国时期档案，没有进行档案数字化工作，档案查询仅限于传统查阅。由于当时历史原因，许多文件无标题，且繁体字居多，档案盒内无文件目录，所反映问题不详。因此，希望你实地到档案馆咨询和查阅。"而有关"曹焕文在自贡的科技活动"的档案申请，结果为："我馆所存民国时期档案，有关曹焕文的档案资料经查只有8份，内容均为曹焕文作为中央工业试验所盐碱试验工厂副厂长，川康盐务局贡井署稽查室录士参加公务活动的文书档案。未查到有关研究盐副产品提取、开发等相关内容，也没查到研究人员等相关技术档案资料。"因此，由于研究重点、精力和其他所限，至今未能亲往查档，实是本书写作此处之一点遗憾，亦成为后续相关研究的目标之一。

③ 曹焕文. 运城盐池之研究（续）［J］. 西北实业月刊，1948，4（3）：17.

④ 曹焕文. 运城盐池之研究（未完）［J］. 西北实业月刊，1947，1（6）：35.

气质：怀疑与批判。同时，具有怀疑、批判精神的科学也会将其赋予科学史的研究方法之中。

作为盐史专家，曹焕文曾在其专著《运城盐池之研究》中大篇幅地对解池古今产盐技术的发展史进行了梳理与考证，致力于运用近代科学解释蕴藏在古老的制盐技术中的科学内涵，从卷帙浩繁的古代典籍中提炼出与解池晒盐技术相关的记载。从科学进化律的考察中，曹焕文得出了垦畦浇晒技术发端于炼丹术兴盛的魏晋南北朝，而应用于唐代的重要结论。这一结论第一次将池盐生产技术的突破与由炼丹术大兴引发的化学进步联系起来，对后来相关研究者的启示是明显的。例如，张正明也曾提出：

> "为什么盐池的人工利用天日晒盐法萌芽于南北朝呢？我想这和那时炼丹术有些关系。这种炼丹术虽然是方士、道士之术，但炼丹术的发展涉及到化学变化和人们对药品等物质性能的研究。池盐原本是化学变化形成的物质，利用天日晒盐，其目的是把与盐共生的芒硝、硫苦等物质分离出去，生产出味美质高的食盐，所以这种新生产方法的产生，不能不受那时炼丹术发展的影响。"①

比之于其他的现当代研究者，曹焕文提前近40年就得出这一推断，同时其理论也不局限于"简单猜测"。他对解池传统的"命名方式"曾有怀疑及思考：

> "今日晒盐商号之住所称为庵舍，又谓庵院；晒盐者称为庵户；主宰晒盐技术之领工者，谓之老和尚；其次要之技术者谓之一等仙（锹）二等仙，……由这一段工人称呼上考究，知老和尚及一等仙、二等仙之名义，其来源有自，并非无因，一辈传一辈，沿袭至今，而为技术者之专称。至于庵院、庵舍、庵户，本为僧寺之定名，今日之盐号宿宅本无佛堂神像，然仍以此称之者，亦正习焉不察因袭而来也。"②

对于曹焕文所怀疑的这些奇特命名，柴继光曾考得一则有关"老和

---

① 张正明. 古代河东盐池天日晒盐法的形成及发展［J］. 盐业史研究，1986（1）：119.

② 曹焕文. 运城盐池之研究（续）［J］. 西北实业月刊，1947，3（1）：73.

尚”的传说（图 4.13），认为“尽管这是一种传说，但是，它是比较有理有据的”，但对“其发始于何代，没有文字记载，无从查考，只是世代相传而已”①②。然而，经过对“垦畦浇晒”及“硝板晒盐”等解池产盐技术的科学分析，曹焕文对向来“不察因袭而来”的传统研究进行了“批判”，得出了他的推断：

图 4.13　运城博物馆“老和尚”复原模型

“若由此种不伦不类之名称以考究之，知盐池在古代可能为道教主宰，其晒盐技术，则系由炼丹术转变而来。以后虽时势转移，公私演变，但此种称呼未改，遗留到及今日，则为工人承袭。工人主宰技术，系得之传授，所以知其然不知其所以然，故对制盐方法，不能作彻底之说明也。”③

① 柴继光．运城盐池的封建把头制度［J］．运城师专学报，1988（3）：96.

② 有关“老和尚”的身份解读，至今大多数都从这样的传说的角度去展开。参见运城博物馆内“老和尚”指导盐池生产的复原模型（图 4.13）。

③ 曹焕文．运城盐池之研究（续）［J］．西北实业月刊，1947，3（1）：73.

“和尚”似乎为佛教僧徒的专称，曹焕文因何由之而推测为“道教主宰”？笔者私见，盐池技术人员也有的被赋予“仙”之名，确是对道家的专称。曹焕文的推断，应基于他对运城自古儒、释、道文化融合的历史之理解。事实上，从古代解池文化载体的“池神庙”来看，据李竹林先生的研究，其建址——运城市南郊“卧云冈”——是由唐代道家李淳风和袁天罡所选定，俗称“金龟戏水”。庙内建筑也带有明显的道教风格。乾门门楣题词曰“鹤境云衢”，而“仙鹤和白云都是道观的境界”（图 4.14）。“三大殿”之一的“雨师太阳神祠”（图 4.15），其“雨师”之名是道教对雨神的称谓。清道光十四至十七年间（1834—1837）在“三大殿”西侧还专建一座道院，名为“玉树青霞道院”，由此亦可管窥道教对于运城盐池文化之重要性。

需要特别指出，曹焕文上述重要论断的思路来源，是其在 20 世纪 20 年代初开始的中国火药史研究。因同为化学相关问题，在研究运城盐池晒盐技术革新时，曹焕文将火药的发明与之进行了关联，并对“苦盐”除杂的化学应用进行了分析。因此，曹焕文于火药史研究方法与思路中，独创性提出了盐池技术突破的历史源流问题，又可谓以“火药史”之石而攻“盐史”之玉了。

图 4.14　池神庙乾门门楣上“鹤境云衢”题词

图 4.15　池神庙内“三大殿”之一“雨师太阳神祠”

综上所述，中国古代对运城盐池成盐机理与开采工艺的记载与研究虽著述颇丰，但由于古代化学发端及发展的“经验性”的特点，由“淡泉”“雨水”和“南风”等能促进解盐生成的角度上看，诸多关键技术是数千年晒盐活动的经验总结，缺乏科学的理论支撑；从利用卤水中各化学成分“饱和度”“溶解度”不同而完成卤水除杂，以及温度成为硝板上各种化学反应的重要条件等角度上看，由曹焕文起始的解池现代化学研究，深刻解释了运城盐池生产中成规的技术背后的科学原理；同时，曹焕文将池盐科学应用于井盐“钾素”提取的技术改进，更体现了科学理论对技术发展进步的先导作用。因此，曹焕文对运城盐池的科技研究，与《梦溪笔谈》和《天工开物》等传统科学典籍中的记述相比，虽对象一致，但方法截然不同——这是中国古代化学到现代化学的研究范式的根本转变，其在解盐科学研究史上具有重要的里程碑意义。此外，曹焕文在对解盐科技史的梳理研究中，提出了“盐池生产技术突破发端于炼丹术兴盛的魏晋南北朝时期”的结论，与其对中国火药史的重要研究成果形成了理论呼应。这些最早完成的结论，作为中国古代化学史研究中部分关键性的成果，对于其后的相关研究，提供了颇具启发性的学术基础。

# 结 语

曹焕文生于清末庚子年（1900），其时国家之情形，内有义和拳乱，外有列强入侵，诚可谓中华历史内忧外患之极。环看其成长所逢形势：幼年闻“一战”硝烟，壮年沐“二战”炮火，暮年逢十年动荡。所有的战乱与浩劫，既涂炭微末生灵于泥沼，又崛起豪杰大师于乱世。本书致力于从科技史与史学史的角度，将曹焕文一生中最重要的学术研究做一初步探讨，寄希望于由此揭起被烟尘所掩埋历史的一小角。

作为山西近代最重要的化工专家之一，曹焕文的科学史论著主要针对化学史中的两大部分，即中国火药史与运城盐池的研究。

首先，火药史是中国古代科技史中最重要的问题之一。而本书的视角，是从明清两代发端的火药史学，扩展至对整个世界近代火药史学脉络和特征的讨论。明代的两部火药史研究的起始著作——《大学衍义补》与《物理小识》，通过对火药的关键组分（硝石、硫黄）的起源考察，反面证明了中国古代不存在发明火药的基本条件，因而首次提出了火药的“西源说”；同时，在史学方法上，提供了将火药与火器捆绑研究的基础。清代三部火药火器史研究著作——《格致镜原》《陔余丛考》和《浪迹丛谈》，其火药起源的研究虽与明代结论大相径庭，但考证史料的方式实是一脉相承，此即明清火药史研究终不得突破之关键所在。比较起来，明清火药史学在对史料的搜集、处理与采用方面，事实上并未取得突破性的进展——“霹雳砲”史料的挖掘在《物理小识》中已明确提出，而清代的三种研究仅是进一步确定了其具体出处。在“霹雳砲”和“震天雷”之后，有关火器发展的史料被更多地挖掘出来，供以“章节”形式而存在的兵器史研究作史料支撑。

由火器而考火药，是火药史学追逐实用的体现，这个特征由 18 世纪末至 19 世纪初国外的火药火器史研究中也可看出。“希腊火”“海火”“石脑油”“马达发”“震天雷”诸如此类的火器出现时间的比拼和争夺背后，产生了火药的“希腊发明说”“阿拉伯发明说”“中国发明说”“欧洲发明说”等各种学说。而梅辉立的专论打破了这种火药与火器捆绑研究的传统，在军用火器之外，开辟出了对“爆竹”和“烟火”为火药溯源的另一条研究途径。丁韪良在其名著《汉学菁华》中因硝、硫都是中国古代炼丹所用材料而提出其观点，推断火药的爆炸力有可能在这样的炼丹过程中被发现，从而认为应该是中国人在炼丹中最早发现火药的，遗憾的是这个研究戛然而止，没有下文。

曹焕文的火药史研究，起始于 1921 年他留学日本东京高等工业学校之后。而其主要著作《中国火药全史》的写作与成型，是在 20 世纪 30 年代中后期。在这个漫长而艰辛的研究过程中，伴随诞生了其火药史参考文献集——《中国火药全史资料》以及“摘要论文”——《中国火药之起源》。在这些论著中，曹焕文先通过严密的考证和合理的分析，反驳了西方部分学者在民族情绪冲击下逻辑混乱地提出的多种火药发明假说。在火药起源问题上，以对火药原始意义的字源探讨为起点，引用多种古老的典籍为其释义，剥去覆盖在火药名称上的“枪粉”（gun-powder）的表象意义，揭露出“发火之药”（fire-drug）的本质内涵，将旧火药史学偏重于火药之“火”的研究方式，过渡为以“药”为中心的新范式；此外，将火药由医药的局限理解范畴，扩展为医药与丹药结合的更大范畴。至此，炼丹术研究成了火药起源问题的研究主体，从而产生了一种新的火药史学。曹焕文作为最早完成新火药史学和旧火药史学过渡的学者，不仅最早提出火药由炼丹家所发明，且将其时期远推至炼丹术大兴的魏晋时期，并同时进行了丹方的搜寻与查阅。尽管曹焕文也为最终未能寻得详细而具体地记录了火药配方的魏晋丹书而颇感遗憾，但火药史学的重大转型，毕竟已经由之开启。当王铃与冯家昇及李约瑟等学者随后分别独立地提出火药由古代炼丹家发明的结论时，新火药史学——即由炼丹药方入手进行考察的方式，成为一种显学被普遍认同并继续发展。特别值得注意的是，在现代众多火药史研究学者中，王奎克、朱晟、郑同、袁书玉四人结合《抱朴子》内药方的实验，提出原始火药可上溯至公元 4 世纪的西晋时期。而容志毅则通过道藏中另一新发现的丹方，得出火药发明的年代至少可溯自东晋时期的结论。这两个火药史学上颇具突破意义的研究成果，为曹焕文近半个世纪前的火药史，既弥补了“缺憾”，又提供了丹药史料上的实证。

其次，本书研究的对象之二，是曹焕文对运城盐池的现代化工科技研究。在运城盐池古今科技研究过渡与转型的初期——20 世纪 40 年代，曹焕文潜心于用近代科技解释蕴藏于古老的制盐技术中的科学内涵。作为山西近代工业的主要建设者之一，曹焕文致力于将解池副产品的开发利用纳入化学工业计划之中，为盐池科技研究及近代工业的起步做出了奠基性贡献。同时，他也对解池生产技术的演进史进行了突破性考证，于卷帙浩繁的古代典籍中提炼出与晒盐技术相关的记载，将从天然结晶、集工捞采的原始利用，到人智进步、开垦畦地的初级晒盐，再到化学发达、技术突破的高级畦晒，以及基于季节气候的畦种技术最终形成的数千年产盐技术演进史，完整地呈现在世人面前，迈出了以科技史角度对运城盐池进行研究的第一步。曹焕文在这些重要的考证中，不仅对运城大盐池和小盐池产盐技术发展的不同历史进程进行了研究，而且对魏晋南北朝时期因炼丹术发达而引起的中国古代化学技术突破的分析，将同属化学领域内的火药与解池畦晒的起源问题联系在一起，为化学史上两个颇具难度的问题提供了独特的研究视角及有理有据的理论论证。他开创性的探索与突破，使得运城盐池数千年盐生产史中被“经验科学”“不经意”利用的科学原理逐步得以呈现，并进入到现代化学工业研究的视野中来。

以上是本书正文部分内容的总结。以下为笔者对本书研究不足之处的几点认识：本书的选题由表面视之，应当为人物研究的范围。但随着研究的不断深入，尤其是比较科学史被确立为本书的主要方法之后，大量比较所需的相关文献（包括许多珍稀古籍与外文文献）有待挖掘、整理与分析。火药史学史——尤其是中西方比较的史学史，是科技史中一个远未被充分研究的课题，因而没有太多可供参考和模仿的前例。客观地讲，尽管笔者自认付出不少精力与辛苦，但由于个人学识和能力所限，面对此研究亦颇感其难度。最大的不足，是对曹焕文原始手稿和一手文献的整理深度不够，对其内涉及的文献也未完全查阅与分析，这也是笔者将来学术研究需更加努力去完善的工作。此外，西方火药史仍有重要的研究论著未能查阅或分析。而最令笔者翘首期待的是暂时失踪的曹焕文的《中国火药全史》的10余册手稿，可在未来的某个时候出现！倘如此，则火药史学幸甚！

2020年，即将迎来曹焕文先生120周年诞辰。时至今日，学界仍不多见对曹焕文的专门研究，而本研究若能起到抛砖引玉的作用，使科学界回想起这位山西近代工业和科技的重要奠基人，使科学史界能重新认识这位被历史尘封了半个世纪的“学术巨擘”，则笔者幸甚！

# 参考文献

## 一、曹焕文原始手稿与论著


[1] 曹焕文. 中国火药全史资料. 第一册.（手稿）

[2] 曹焕文. 中国火药全史资料. 第二册.（手稿）

[3] 曹焕文. 中国火药全史资料. 第三册.（手稿）

[4] 曹焕文. 中国火药全史资料. 第四册.（手稿）

[5] 曹焕文. 中国火药全史资料. 第五册.（手稿）

[6] 曹焕文. 中国火药全史资料. 第六册.（手稿）

[7] 曹焕文. 中国火药全史资料. 第七册.（手稿）

[8] 曹焕文. 中国火药全史资料. 第八册.（手稿）

[9] 曹焕文. 太原工业史料.（手稿）

[10] 曹明甫. 河东潞盐盐务丛集 [J]. 中华实业季刊，1935，2（1）：131–224.

[11] 曹焕文. 化学工业进行步骤说明书 [J]. 中华实业月刊，1935，2（7）：49–56.

[12] 曹焕文. 中国火药之起源 [J]. 航空机械，1942，6（8）：30–37.

[13] 曹焕文. 中国火药之起源 [J]. 西北实业月刊，1946，1（1）：14–18.

[14] 曹焕文. 西北盐池 [J]. 西北实业月刊，1946，1（2）：8–15.

[15] 曹焕文. 运城盐池之研究（未完）[J]. 西北实业月刊，1947，1（6）：31–38.

[16] 曹焕文. 运城盐池之研究（续）[J]. 西北实业月刊，1947，2(1)：1–12.

[17] 曹焕文. 运城盐池之研究（续）[J]. 西北实业月刊，1947，2(2)：1-30.
[18] 曹焕文. 运城盐池之研究（续）[J]. 西北实业月刊，1947，2(3)：14-36.
[19] 曹焕文. 运城盐池之研究（续）[J]. 西北实业月刊，1947，2(4)：13-24.
[20] 曹焕文. 运城盐池之研究（续）[J]. 西北实业月刊，1947，2(5)：1-15.
[21] 曹焕文. 运城盐池之研究（续）[J]. 西北实业月刊，1947，2(6)：1-8.
[22] 曹焕文. 运城盐池之研究（续）[J]. 西北实业月刊，1947，3(1)：72-77.
[23] 曹焕文. 运城盐池之研究（续）[J]. 西北实业月刊，1947，3(2)：23-33.
[24] 曹焕文. 运城盐池之研究（续）[J]. 西北实业月刊，1947，3(3)：12-21.
[25] 曹焕文. 运城盐池之研究（续）[J]. 西北实业月刊，1947，3(4)：21-28.
[26] 曹焕文. 运城盐池之研究（续）[J]. 西北实业月刊，1947，3(5)：4-11.
[27] 曹焕文. 运城盐池之研究（续）[J]. 西北实业月刊，1948，3(6)：65-74.
[28] 曹焕文. 运城盐池之研究（续）[J]. 西北实业月刊，1948，4(1)：6-12.
[29] 曹焕文. 运城盐池之研究（续）[J]. 西北实业月刊，1948，4(2)：17-24.
[30] 曹焕文. 运城盐池之研究（续）[J]. 西北实业月刊，1948，4(3)：16-21.
[31] 曹焕文. 运城盐池之研究（续）[J]. 西北实业月刊，1948，4(4)：16-25.

[32] 曹焕文. 运城盐池之研究（续）[J]. 西北实业月刊，1948，4(5)：9-18.

[33] 曹焕文. 运城盐池之研究（续）[J]. 西北实业月刊，1948，4(6)：10-13.

[34] 曹焕文. 运城盐池之研究（续）[J]. 西北实业月刊，1948，5(2)：16-19.

[35] 曹焕文. 太原工业史料. 太原市城市建设委员会（内部参考），1955.

## 二、火药史相关参考文献

### 1. 外文文献

[1] STAUTON G. An account of the embassy from the Great Britain to the emperor of China [M]. London: W. Bulmer and Co., 1799.

[2] WILLIAMS S W. The middle kingdom, Vol. Ⅱ [M]. New York & London: Wiley and Putnam, 1848.

[3] Chambers's Encyclopaedia: a dictionary of universal knowledge for the people, Vol. Ⅳ [M]. London: W. and R. Chambers, 1862.

[4] MAYERS W F. On the introduction and use of gunpowder and firearms among the Chinese, with notes on some ancient engines of warfare, and illustrations [C] //in Journal of the North-China Branch of the Royal Asiatic Society, Vol. Ⅵ ., 1869—1870 . Shanghai: Kelly & Walsh, 1871.

[5] WILLIAMS S W. The middle kingdom: survey of the geography government, literature, social, Life, arts, and history of the Chinese empire and its inhabitants, Vol. Ⅱ [M]. New York: Charles Scribner's Sons, 1883.

[6] GUTTMANN O. The manufacture of explosives: a theoretical and practical treatise on the histroy, the physical and chemical properties, and the manufacture of explosives [M]. New York: Whittaker and Co., 1895.

[7] MARTIN W A P. The lore of Cathay [M]. Oliphant, Anderson&Ferrier,

1901.

[8] PARKER E H. Some new facts about Marco Polo's Book [J]. The imperial and asiatic quarterly review and oriental and colonial record [J]. vol.17, No.33 & 34, 1904, 17 (33–34): 125–149.

[9] GUTTMANN O. Monumenta Pulveris Pyrii: reproductions of ancient pictures concerning the history of gunpowder, with explanatory notes[M]. London: The Artists Press, 1906.

[10] MARTIN W A P. The awakening of China [M]. New York: Doubleday, Page & Company, 1907.

[11] CROSS A L. A history of England and Greater Britain [M]. New York: The Macmillan Company, 1914.

[12] THORNDIKE L. Roger Bacon and gunpowder [J]. Science, 1915, 42 (1092) 799–800.

[13] LAUFER B. Sino–Iranica: Chinese contributions to the history of civilization in Ancient Iran [M]. Chicago: Biodiversity Heritage Library, 1919.

[14] CORDIER H. Ser Marco Polo: notes and addenda to Sir Henry Yule's edition, containing the results of recent research and discovery [M]. London: John Murray, 1920.

[15] WELLS H G. The outline of history, being a plain history of life and mankind, the fourth edition [M]. New York: P. F. Collier & Son Company, 1922.

[16] THORNDIKE L. A history of magic and experimental science: during the first thirteen centuries of our era [M]. New York: Columbia University Press, 1923.

[17] HOYLAND J S. A brief history of civilization [M]. London: Oxford University Press, 1925.

[18] 矢野仁一. 近代支那の政治及文化 [M]. 東京：イデア書院, 1926.

[19] (日) 西松唯一. 火药学 [M]. 东京：共立社, 1932.

[20] GOODRICH L C, FENG C S. The early development of firearms in China [J]. ISIS, 1946 (36): 114–123.

[21] WANG L. On the invention and use of gunpowder and firearms in China [J]. ISIS, 1947 (37): 160–178.

[22] NEEDHAM J, NEEDHAM D. Science and agriculture in China and the west [C] //Science outpost: papers of the Sino–British science co-operation office, 1942—1946. London: The Pilot Press Ltd., 1948.

[23] SIVIN N. Chinese alchemy: preliminary studies [M]. London: Harvard University Press, 1968.

[24] NEEDHAM J. Science and civilisation in China [M]. Cambridge: Cambridge University Press, 1976.

[25] NEEDHAM J. Science in traditional China: a comparative perspective [M]. Hong Kong: The Chinese University of Hong Kong, 1981.

[26] PAN J X. On the origin of rockets [J]. 大自然探索，1984 (3): 173–184.

[27] NEEDHAM J. Science and civilisation in China [M]. Cambridge: Chambridge University Press, 1986.

[28] SUN F T. Gunpowder/rocket technology in ancient China and its transference to the outer world [C] //CHEN C. Science and technology in Chinese civilization. Singapore: World Scientific Publishing Co Pte Ltd., 1987.

[29] PARTINGTON J R. A history of Greek fire and gunpowder [M]. Baltimore: The Johns Hopkins University Press, 1999.

[30] HO P Y. Gengxin Yuce, the last significant Chinese text on alchemy [J]. 自然科学史研究，2000，19 (4): 340.

[31] 岡田登. 中国火薬史——黒色火薬の発明と爆竹の変遷 [M]. 東京：汲古書院，2006.

2. 古籍

[1] (汉) 司马迁. 史记 [M]. 北京：中华书局，2014.

[2] (汉) 班固. 前汉书 [M]. 明崇祯十五年 “汲古阁十七史” 毛晋本.

[3]（晋）葛洪. 抱朴子内篇［M］. 贵阳：贵州人民出版社，1995.
[4]（晋）张华. 博物志［M］. 上海：上海古籍出版社，2012.
[5]（南朝宋）范晔. 后汉书［M］. 上海：汉语大词典出版社，2004.
[6]（南朝梁）宗懔. 荆楚岁时记［M］. 宋金龙，校注. 太原：山西人民出版社，1987.
[7]（唐）刘存，（五代）冯鉴. 刘冯事始［M］.《说郛》涵芬楼刊本.
[8]（唐）段成式. 诺皋记［M］. 清乾隆五十九年（1794）刊本.
[9]（唐）李延寿. 南史［M］. 北京：中华书局，1974.
[10]（五代）刘昫. 旧唐书［M］. 上海：汉语大词典出版社，2004.
[11]（宋）杨万里. 诚斋集［M］.《四部丛刊初编》景江阴缪氏艺风堂藏景宋钞本.
[12]（宋）章如愚. 群书考索后集［M］. 明正德十三年（1518）刘洪慎独斋刻本.
[13]（宋）欧阳修. 新唐书［M］. 北京：中华书局，1975.
[14]（宋）岳珂. 桯史［M］. 北京：中华书局，1981.
[15]（宋）曾敏行. 独醒杂志［M］. 上海：上海古籍出版社，1986.
[16]（宋）司马光. 资治通鉴［M］. 北京：中华书局，2014.
[17]（宋）高承. 事物纪原［M］.（明）李果，订. 北京：中华书局，1989.
[18]（元）脱脱. 宋史［M］. 上海：汉语大词典出版社，2004.
[19]（元）脱脱. 金史［M］. 上海：汉语大词典出版社，2004.
[20]（明）丘濬. 大学衍义补［M］. 明正德元年（1506）刊本.
[21]（明）徐炬. 新镌古今事物原始全书［M］. 万历癸巳刻本.
[22]（明）黄一正. 事物绀珠［M］. 万历吴勉学刻本.
[23]（明）王圻. 续文献通考［M］. 万历三十年（1602）松江府刻本.
[24]（明）张燧. 千百年眼［M］. 明万历甲寅年（1614）刻本.
[25]（明）董斯张. 广博物志［M］. 万历四十五年（1617）刻本.
[26]（明）郎瑛. 七修类稿［M］. 清光绪六年（1880）广州翰墨园刻本.
[27]（明）方以智. 物理小识［M］. 上海：商务印书馆，1936.
[28]（明）罗颀. 物原［M］. 上海：商务印书馆，1937.

[29]（明）杨一清. 制府杂录［M］. 上海：商务印书馆，1939.
[30]（明）宋濂. 元史［M］. 北京：中华书局，1976.
[31]（明）沈榜. 宛署杂记［M］. 北京：北京古籍出版社，1980.
[32]（明）茅元仪. 武备志［M］. 台北：华世出版社，1984.
[33]（明）何孟春. 余冬序录摘抄内外篇［M］. 北京：中华书局，1985.
[34]（清）陈元龙. 格致镜原［M］. 清雍正十三年（1735）序刊本.
[35]（清）赵翼. 陔余丛考［M］. 乾隆五十五年（1790）湛贻堂刊本.
[36]（清）梁启超. 西学书目表［M］. 光绪丙申（1896）重校本.
[37]（清）金门诏. 补三史艺文志［M］. 上海：商务印书馆，1940.
[38]（清）毕沅. 续资治通鉴［M］. 北京：中华书局，1957.
[39] 陆达节. 历代兵书目录［M］. 训练总监部军学编译处，1933.（中国国家图书馆古籍馆藏本）.

## 三、运城盐池相关文献

1. 古籍及碑刻文献

[1]（北魏）郦道元. 水经注［M］. 清乾隆（1753）黄晓峰校刊本.
[2]（宋）沈括. 梦溪笔谈［M］. 明汲古阁刊本.
[3]（明）宋应星. 天工开物［M］. 明崇祯十年（1637）杨素卿序本.
[4]（清）觉罗石麟. 敕修河东盐法志［M］. 雍正刻本.
[5]（清）胡聘之. 山右石刻丛编［M］. 太原：山西人民出版社，1988.
[6]（清）顾祖禹. 读史方舆纪要［M］. 北京：中华书局，2005.
[7] 南风化工集团股份有限公司. 河东盐池碑汇［M］. 太原：山西古籍出版社，2000.
[8] 张学会. 河东水利石刻［M］. 太原：山西人民出版社，2004.
[9] 张培莲. 三晋石刻大全·运城市盐湖区卷［M］. 太原：三晋出版社，2010.
[10] 咸增强. 河东盐法备览校释［M］. 北京：中国社会出版社，2012.

2. 国外论著

[1]（日）吉田寅. 中国盐业史在日本的研究状况［C］// 彭泽益，王仁

远．中国盐业史国际学术讨论会论文集．成都：四川人民出版社，1991：586.

[2]（日）妹尾达彦．河东盐池的池神庙与盐专卖制度[C]// 中国唐代学会．第二届国际唐代学术会议论文集．台北：文津出版社，1993：1273-1324.

[3]（日）水野清一，日比野丈夫．山西古迹志[M]．太原：山西古籍出版社，1993.

[4]（日）古松，崇志．元代河東鹽池神廟碑研究序説[J]．東方學報，2000（72）：347-379.

3. 其他论著

[1] 黄海化学工业研究社．调查河东盐产及天然芒硝报告．1934.（未出版）

[2] 何维凝．中国盐书目录[M]．财政部财务人员训练所，1941.

[3] 袁见齐．西北盐产调查实录[M].（民国）财政部盐政总局，1946.

[4] 中共晋南地委调查研究室，中共运城盐业化工局委员会，山西师范学院历史系．银湖春光：山西运城盐池发展史（内部发行）．1961.

[5] 陈立夫．中华盐业史[M]．台北：台湾商务印书馆，1979.

[6] 张其昀．中华五千年史[M]．台北：中国文化大学出版部，1981.

[7] 山西省二一四地质队．山西省运城盐湖矿产地质开矿与开采利用现状[J]．青海地质，1983（3）：170.

[8] 柴继光．运城盐池神话传说探微[J]．运城师专学报，1984（3）：8.

[9] 张正明．古代河东盐池天日晒盐法的形成及发展[J]．盐业史研究，1986（1）：119.

[10] 林元雄，等．中国井盐科技史[M]．成都：四川科学技术出版社，1987.

[11] 柴继光．运城盐池的封建把头制度[J]．运城师专学报，1988（3）：96-100.

[12] 彭泽益．中国盐业史研究树起一座新的里程碑——中国盐业史国际学术讨论会开幕词[J]．盐业史研究，1990（4）：73.

[13] 陈然．中国盐史论著目录索引（1911—1989）[M]．北京：中国

社会科学出版社，1990.
[ 14 ] 柴继光. 中国盐文化 [ M ]. 北京：新华出版社，1991.
[ 15 ] 柴继光. 运城盐池研究 [ M ]. 太原：山西人民出版社，1991.
[ 16 ] 柴继光. 潞盐生产的奥秘探析 [ J ]. 运城高专学报，1991（3）：119–120.
[ 17 ] 柴继光. 黄帝蚩尤之战原因的臆测 [ J ]. 盐业史研究，1991（2）：54–57.
[ 18 ] 柴继光. 斗争、融合、发展——读《苗族古歌》琐记 [ J ]. 楚雄师专学报，1992（4）：58–67.
[ 19 ] 柴继光. 读《中华盐业史》札记 [ J ]. 盐业史研究，1992（2）：28.
[ 20 ] 孙丽萍. 晚清民国的河东盐业 [ M ]. 太原：山西人民出版社，1993.
[ 21 ] 柴继光，李希堂，李竹林. 晋盐文化述要 [ M ]. 太原：山西人民出版社，1993.
[ 22 ] 柴继光. 关于宋应星《天工开物》中“盐池”部分一些问题的辨识 [ J ]. 盐业史研究，1994（1）：30–32.
[ 23 ] 柴继光. 沧桑数千年，旧貌换新颜——山西运城盐池的历史演变 [ J ]. 盐湖研究，1995，3（2）：76.
[ 24 ] 钱穆. 国史大纲 [ M ]. 北京：商务印书馆，1996.
[ 25 ] 唐仁粤. 中国盐业史（地方编）[ M ]. 北京：人民出版社，1997.
[ 26 ] 郭正忠. 中国盐业史（古代编）[ M ]. 北京：人民出版社，1997.
[ 27 ] 柴继光. 尧、舜、禹相继建都河东探因 [ J ]. 寻根，2000（2）：11–15.
[ 28 ] 郑绵平. 论中国盐湖 [ J ]. 矿床地质，2001，20（2）：181.
[ 29 ] 柴继光. 运城盐池与华夏文明（一）[ J ]. 沧桑，2001（4）：44–45.
[ 30 ] 柴继光. 河东盐池史话 [ M ]. 太原：山西人民出版社，2001.
[ 31 ] 王雪樵. 河东文史拾零 [ M ]. 太原：北岳文艺出版社，2002.
[ 32 ] 温泽先. 山西科技史（上部）[ M ]. 太原：山西科学技术出版社，2002.
[ 33 ] 柴继光. 运城盐池古今 [ J ]. 中国地方志，2003（S1）：51.

[34] 陈信卫.《盐业史研究》序言 [J]. 盐业史研究，2003 (1)：8.

[35] 柴继光. 关于运城盐池的著述考略 [J]. 盐业史研究，2004 (2)：30–33.

[36] 柴继光. 运城盐池研究（续编）[M]. 太原：山西人民出版社，2004.

[37] 赵波. 河东盐文化研究与探讨 [M]. 太原：山西人民出版社，2005.

[38] 赵津. 范旭东企业集团历史资料汇编 [M]. 天津：天津人民出版社，2006.

[39] 山西省史志研究院. 河东盐三千年 [M]. 太原：三晋出版社，2008.

[40] 吴海波，曾凡英. 中国盐业史学术研究一百年 [M]. 成都：巴蜀书社，2010.

[41] 黄健，程龙刚，周劲. 抗战时期的中国盐业 [M]. 成都：巴蜀书社，2011.

[42] 王长命. 北魏以降河东盐池时空演变研究 [D]. 上海：复旦大学，2011.

[43] 凌耀仑. 抗战时期的自贡盐业生产及其特点 [C] // 黄健，等. 抗战时期的中国盐业. 成都：巴蜀书社，2011.

[44] 山西大学“山西传统工艺史”编写组. 山西传统工艺史纲要 [M]. 北京：科学出版社，2013.

[45] 赵波，秦建华. 熏风雍和——河东盐文化述略 [M]. 太原：山西人民出版社，2013.

[46] 赵俊明. 民国时期山西盐业生产和运销浅析 [C] // 2014 首届河东盐文化历史与开发研讨会论文集. 太原：山西省社会科学院，2014.

[47] 李竹林. 古中国古盐池. 2015.（内部读物）

# 后　记

能够开展对曹焕文先生的专门却仍远未深入的研究，非诸多“偶然”及“意外”而不能成。时间需回溯到2009年至2010年，本人当时正为硕士论文埋头查寻文献资料，焦灼于研究如何开展。遵照导师杨小明先生的建议，拟对民国时期山西工业母体之西北实业公司的科技发展问题做一点史料的探索，期望可在那片备受近代史研究者垂爱的史学池塘中，拾得一条半条漏网的小鱼。于是，从已故山西省社会科学院景占魁研究员所著《阎锡山与西北实业公司》，到省图书馆地方文献资料室藏《山西文史资料全编》10大册，再到省档案馆内数量庞大的西北实业公司原始档案，或者利用网络购买和复印的《西北实业月刊》《西北实业周刊》等，凡与科技相关的资料，无论是否可以被即时“消化”，一概先搜集并“占为己有”，而图以后再慢慢处理和消化。正是某天在学业不得突破的困闷中，随意地翻开《西北实业月刊》第1期的某一页时，《中国火药之起源》论文和作者“曹焕文”三个字倏忽现于眼前，也出乎意料地进入我接踵而至的五年博士学习和研究生活里来。每次回想及此，依然可以回味起当时读完曹先生论文后的兴奋而至雀跃之感。

通过简单和粗浅的比较，我在硕士学位论文的结论中向学界提出关注曹焕文手稿的建议，但实际上是为自己以后的研究定了一个可能的方向。所以在2011年收到博士生录取通知后，我就决定前往“曹焕文”这个学术宝库里去进行一番探幽。心怀忐忑与侥幸，通过网络搜索，期待着可以寻得曹先生后人的些许信息，甚至可以因之发掘出曹先生学术遗作的吉光片裘。恰如受到隐匿在冥冥之中的眷顾一样奇妙，我竟惊喜地发现，曹先生的女儿正是时任太原市科学技术协会副主席的曹慧彬女士！

由太原理工大学常晓明教授和山西省科学技术协会王继龙主任居中联络和鼎力引荐，我终于得与曹慧彬副主席会面。那个八年前的寒冬清晨，在曹慧彬副主席的办公室，听完我一通语无伦次的讲述，她深情回忆起儿时与父亲的些许往事。她仍清晰地记得自己目睹父亲将毛笔正楷的书稿视同拱璧般收入书柜的情景，而线装的多册火药史手稿，正在其中！她当天即表示愿全力支持我的研究，并于次日上午即电话召我前往取书。我在激动且略带慌乱中注视着那布巾里包裹着棱角分明的一捲，赫然现于眼前8本余存着旧纸与残墨气息的小册子！每册的宣纸封面上都手书着“中国火药全史资料”、书目以及“曹焕文手辑”的行楷字，而翻看内容却猛然发觉，这并非曹先生的火药史专著——《中国火药全史》，而是他在研究火药史的过程中，参考并摘抄过的资料汇编！换言之，除专著以外，曹先生还特意编辑了另外一套珍贵的手稿！而这套手稿正可为曹焕文火药史学内多种重要、甚至惊世结论的解读，提供更深层、更关键、更贴近作者思路的可能。

对曹慧彬副主席详细解释后，她欣然同意我将《资料》带回制作复印本的请求，并答应随后将《全史》原著的手稿寻见，即会另通知来取。而我怀抱着一捧被史学界蛛网尘封的手稿，直奔山西大学“月亮苑”内的文印店，叮嘱店员扫描和复印，而后守在咔咔重复作响的机器旁，随着眼前不间断地缓缓移过的激光炫影而出神，仿佛自己不经意闯入了一段70多年的时空隧道：那隧道的一头是炮火纷乱的西安，是陕西图书馆里伏案奋笔的曹焕文；另一头是2011年的山西大学，是复印机出纸口里飞落的一页一页A4纸。历史，一页一页被滚烫的带着电荷的墨粉跨越时空传递过来，直至夜中十点过半……正是有了这套手稿，我的中国火药史后续研究才具备了最核心的资料基础。这套手稿就像一条丝带，使得从中国明朝、清朝至民国以及欧洲19世纪末到20世纪初期，这跨越中西500多年时空的碎片状的火药史学史，能够顺理成章地联结在一起，构成一幅完整的火药研究史的全景图。当然，这段描写是我对过去研究的回顾，是阶段性研究完成后的逆向总结，而这个如今看来仍粗糙简陋甚至满是缺憾的研究，在顺向进行之时，却着实令天资愚钝的我进行了一长段颇感艰难的学术跋涉，尽管这样的过程对任何一个成长中的年轻学者来讲都是必经之路。

除火药史的突破性研究之外，曹焕文的另一重大学术贡献在于对运城盐池的现代化工开发以及科技史研究，所以我的研究重心也在2014年发表第一篇学术论文《曹焕文与中国火药史研究》(《自然科学史研究》，2014年第4期）之后，转向了运城盐池，而这个转向仍是以搜寻整理一手文献为开端。比之曹先生火药史手稿,《运城盐池之研究》的获取则相对容易不少。它是中国盐科技史的第一本著作，本亦有完整手稿存世，但据曹主席回忆，手稿早年外借给一位太原市的学界前辈阅读参考，而这位老先生直至去世亦未归还，其后人也不知手稿去向。万幸曹先生在20世纪40年代已将大部分内容连载于《西北实业月刊》上，而我的工作首先是通过网络书店和省图书馆所藏文献，获得了全部已发表的《运城盐池之研究》并将其重归一书。不过，对著作内相关资料的搜集和整理则颇费周章。例如，本书第二篇中对《运城盐池之研究》的介绍中有一处统计:“这部著作仅已出版文字，就已达14万余字；文中另配有插图36幅，表格200例。”仅为了此句中的3个数据，我即两昼夜伏于书桌上，一字一字清点。

此处还值得一提的，是我分别于2014年和2016年赴运城的两次调研。每次回想，我脑中都会立刻浮现出几幅画面：

**画面1**：池神庙院落中伫立着古老的“大元敕赐重修盐池神庙之碑”。八月的凤凰城火伞高张，妻子和女儿躲在三大殿的檐下避暑，我则从龟趺两侧探出身，用单反相机拍摄斑驳且被烈日照耀得惨白刺眼的碑文。一管理人员怪异我的举动，但在问清缘由后，竟打开对外关闭的展厅，使我得以目睹“五步晒盐法”的产盐场景立体复原模型，亲尝了杂含硫酸镁的盬盐之苦，更在直径约1米的硝板样品的标签上，看到了由曹焕文首次测定出的硝板成分的化学式。

**画面2**：4000年产盐史的解池，畦地规整，碧水如镜，天然的淡卤池中饲养着经济及营养价值极高的卤水虫。饲养员一小网捞起百只幼虫，向我展示它们高蛋白的透明之躯，兴奋地介绍以其喂养美国大虾可创造的效益。解盐因无碘之故，自20世纪80年代即告停晒，而如今的盐池竟可用来养虫，以另一种营养继续向世界呈现古老而生机盎然的中华文明，令人不胜唏嘘与感动。

**画面3**：下榻的宾馆不远处，我礼貌地挡住一老一少两位过路行人，请教是否知“姚暹渠”在何处。少者直摇头，老者挥手说：“你身后便是。”于是忙回头，只见一条瘦小的水泥护栏的排水沟，散发着污水的味道。惊叹此开发自隋代的解池主水利工程，与之前的想象竟如此大相径庭，顿生世事变迁、白云苍狗之感。

**画面4**：沿盐湖畔对面一侧山坡驱车仅需一刻钟，就抵达南风集团的元明粉（无水硫酸钠）生产工厂。我佩戴安全帽，随工程师穿行于生产车间群中，听其介绍运行中的各种机器和设备，最后到一高处，可俯瞰元明粉蒸馏池之全景，四个巨大的圆形池内白蒸汽滚滚翻涌，内部机械缓慢旋转搅动。工程师告诉我，运城元明粉的生产实属物理过程，其产品的经济价值虽不突出，但确是国家极重要的化工资源，同时也是运城的知名日化品牌——“奇强”牌洗衣粉所必需的原料。而在70多年前，运城的芒硝（十水硫酸钠）尚被视为盐池产盐的废料，甚至是一种破坏当地环境的公害。曹焕文是第一个科学认识与开发解池化工产业，并能“变废为宝”的科学家。曹公灵若有知，见今日盐化工业兴盛如斯，定当欣慰矣！

……

由运城返并后，我即撰写了《曹焕文与运城盐池研究的范式转换》一文，文中的关键部分——如对曹焕文“咸淡水钩配原理”的论证等，其论据支撑皆来自运城调研之见闻与思考。

本书主体的写作是以我分别与杨小明教授和高策教授合作的5篇学术论文为研究基础而展开的，见论文简况表。

**论文简况表**

| 论文标题 | 发表刊物 / 报纸 | 发表时间 |
| --- | --- | --- |
| 曹焕文与中国火药史研究 | 《自然科学史研究》 | 2014年第4期 |
| 曹焕文运城盐池化工及技术演进史研究 | 《广西民族大学学报（自然科学版）》 | 2015年第3期 |
| 曹焕文与运城盐池研究的范式转换 | 《自然辩证法通讯》 | 2016年第2期 |

续表

| 论文标题 | 发表刊物 / 报纸 | 发表时间 |
| --- | --- | --- |
| 宋朝军事实力真的“积贫积弱”吗? | 《解放日报》 | 2016 年 8 月 30 日 |
| 近现代火药史学的形成与分野 | 《自然辩证法研究》 | 2016 年第 9 期 |

此处不再对本书研究的具体内容进行赘述，仅将本研究可能引发读者对相关问题展开的思考以及本人后续研究的设想等作一点分析。

首先是关于中国火药史的研究。火药发明问题在当今世界又现“争端”重启之势（参见火炸药专家王泽山院士于 2018 年南京第二届四大发明研讨会上的主题报告），在现时互联网媒体与社交平台上（微博、微信、知乎等）有关“黑火药”与“黄火药”究竟何者是马克思所谓“把骑士阶层炸得粉碎”之主角，或究竟是中国人还是欧洲人发明的火药（或派生物）炸开新世界大门的问题再度引发热议。而围绕火药发明问题的“新争议”，不仅反映出当代人对火药这一古老科技文明的兴趣，更体现出学界运用新史料新方法进行专门研究的诉求。因此，厘清火药史学中的诸多概念，并以一种新的角度重新审视火药的前世今生，对认识和把握中国古代的科学、技术及其关系，以历史之光照亮未来，无疑是重要和现实的。其次是关于运城盐湖科学文化的研究。运城盐湖的现代工业研发虽蓬勃而兴盛，但经历了工业大开发的盐湖早已显现出资源紧缺甚至枯竭的危机。如何合理保护和开发资源，发展运城盐湖文旅产业，这些紧迫的问题在近年引起了山西省委及焦煤集团等领导部门的高度重视，相关项目业已上马，多领域学者和专家参与的研讨会也纷纷召开。运城盐湖的文化研究中，传统研究多从文学、历史、神话传说等角度入手，而科技文化的研究——以科学的角度关照 4000 年开采史的盐池文明，显然是一种将来应该被格外重视的新的研究视角。最后，对抗战时期中西科学文化交流，以及相关科学家群体与个人进行史料的挖掘、整理和历史分析，也是本人在今后想继续努力的工作。

本书的研究得以最终完成，离不开诸多前辈、师友和亲人的帮助。

首先要感谢的是我在科技史领域的启蒙恩师——杨小明教授。杨先生本是我二姐的硕士导师，受家姊的引荐得以拜入门下，至今不觉已十年矣。2016年，我在博士论文的致谢部分曾写下如下文字：

“我虽自幼喜好文学史籍，钦慕古之骚人墨客，但出自工科，日日与电路板、函数集、逻辑符、机器语言行伍为伴，毕竟隔行隔山。初入科技史学，即使李约瑟之名号亦未有闻，何论萨顿、库恩、丹皮尔哉！指导如此外行而愚拙之学生，非有学术担当与自信者，绝不能为。吾师虽居于上海，却常年频繁往来于晋沪之间。每次返并，必第一时间命我相见，或询问学习近况，或推荐读书目录，或介绍研究新得，或指导论文方向，或令返学术迷途，或亲自驾车，带学生穿梭于古籍旧书市场，间或魔幻般地淘得珍稀文献！老师以自身之精深专业文化，幻化弟子不经意中慢慢转型、徐徐蜕变。受师命而专注近代山西工业母体之‘西北实业公司’，非仅促成硕士论文，亦挖掘出‘曹焕文研究’此一宝藏！本文能有些许成绩，个中功劳，当尽归老师高瞻远瞩！其后之资料搜集与分析，论文写作、修改、发表，皆受老师亲自指点与训诫……经历五年又半之读博途，屡遭艰难与挫折，……博士论文即圈句号时，独立于书房资料堆间，吾尝掩卷叹息：倘无老师，何能至此！”

如今再读，深觉实难以表达我之感恩于万一。杨教授师从科学史泰斗钱临照院士和张秉伦先生，学问精深，博古通今，对待学生耐心细致，和蔼可亲。自我辱教于师门这十年来，曾无数次地因老师身体力行的教诲而备受感动与鼓舞。仍记得2010年深秋，我在最初发现曹焕文火药史的一点史料后胡写过一篇小论文，欲窃窃乱投期刊发表，以应付毕业要求。杨老师获悉后，即命我电邮给他并立刻仔细批阅，认为虽然文字尚需锤炼，但核心材料颇具价值，于是从上海专门打电话来，及时地阻止了我的“焚琴煮鹤”之举，并指导和鼓励我将此研究深入下去。在我入博山大并联系曹先生后人获取手稿之后，杨老师也专程来太原与曹慧彬副主席会面，陈述此研究的学术价值，更提出了《曹焕文年谱》的文献整理和编写设想。而在我后来的论文撰写过程中，杨老师总不厌其烦地提出修改意见，指正我在研究中出现的偏差或错误……我于学术路途上的任何成长，都饱含了老师的心血。本书出版之前，我因担心自己的研究太过浅陋而见笑于学林，故不顾脸皮而求教于老师，请在百忙之中赐序一篇，以为小作借光添彩。未曾想老师竟通宵达旦数日不辍笔耕，一气而成万余字长文，其中对本书研究的解读鞭辟入里，对火药史、池盐史以及相关科技史的认识之高度与深度皆远远超越正文。特别要说的是，杨老师对我个人的褒扬，令我感觉实在难以担当，惭愧无地。虽几次请求撤下那部分语段，无奈老师坚持，让学生深觉肩负期望之高、担子之重！

感谢太原市科学技术协会曹慧彬女士无私地提供其父曹老先生的一手文献，这是本研究得以开展的基石。

感谢山西大学科技史研究所高策教授对我的知遇之恩！

感谢广西民族大学万辅彬教授、容志毅教授、中国科学院大学韩琦教授、王佩琼教授、李斌副教授、中国政法大学费多益教授、山西大学岳谦厚教授、剑桥李约瑟研究所梅建军教授等诸位学界前辈老师的教诲和支持！

感谢太原理工大学常晓明教授自大学本科起对我的教育和帮助！

感谢山西大学科学技术史研究所的诸位老师、同事和朋友的支持！

中国科学技术出版社优秀的编辑——孙红霞博士两年多来对本书的出版给予了热情的支持和鼓励，她和其他编辑老师一起为本书的编校和修改付出了大量的时间和心血！谨致谢忱！

感谢我的父母和家人，你们是我一切努力的源泉和动力！

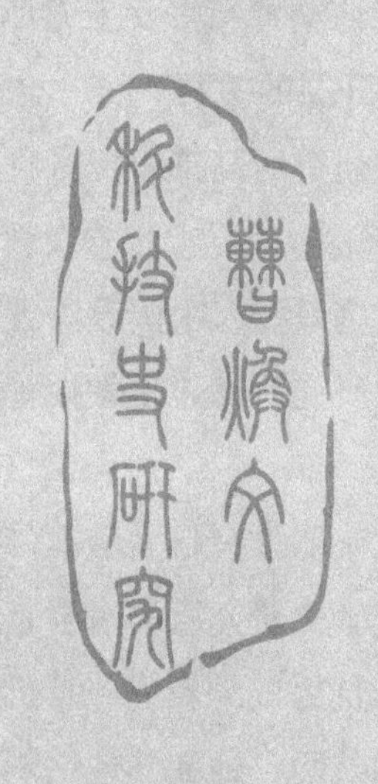